Carbonato de calcio en México

Características geológicas, mineralógicas y aplicaciones

Juan Hernández Ávila

Eleazar Salinas Rodríguez

Alberto Blanco Piñón

Eduardo Cerecedo Sáenz

Ventura Rodríguez Lugo

OmniaScience

Carbonato de calcio en México
Características geológicas, mineralógicas y aplicaciones

Autores:

Juan Hernández Ávila
Eleazar Salinas Rodríguez
Alberto Blanco Piñón
Eduardo Cerecedo Sáenz
Ventura Rodríguez Lugo

UNIVERSIDAD AUTÓNOMA DEL ESTADO DE HIDALGO – CONACYT – AACTyM (MEXICO).
UNIVERSIDAD TÉCNICA DE ESMERALDAS "LUIS VARGAS TORRES" – FACULTAD DE INGE-
NIERÍAS Y TECNOLOGÍAS (ECUADOR).

ISBN: 978-84-942118-6-7

DL: B-27133-2014

DOI: http://dx.doi.org/10.3926/oms.239

ÍNDICE

Introducción 5

Capítulo 1
Generalidades 7
    1.1. Carbonatos como formadores de minerales 9
    1.2. Carbonato de calcio como formador de rocas carbonatadas 11

Capítulo 2
Rocas que contienen CaCO$_3$ 13
    2.1. Descripción 15
    2.2. Propiedades Químicas del Carbonato de Calcio 17
    2.3. Propiedades Físicas del Carbonato de Calcio 18

Capítulo 3
Explotación y extracción de CaCO$_3$ 19
    3.1. Métodos de Extracción 21
    3.2. Localización de Yacimientos en el estado de Hidalgo 22
    3.3. Potencial 23
    3.4. Marco normativo del carbonato de calcio 24
    3.5. Disposiciones ambientales 25
    3.6. Cadena productiva del carbonato de calcio 26
        3.6.1. Proceso de obtención del carbonato de calcio micronizado . . . 27

Capítulo 4
Usos y aplicaciones 31
   4.1. Variedades comerciales 33
   4.2. Usos 34
       4.2.1. Vidrio 34
       4.2.2. Papel 35
       4.2.3. Plásticos 36
       4.2.4. Pinturas e impermeabilizantes 37
       4.2.5. Selladores y adhesivos 38
       4.2.6. Abrasivos 39
       4.2.7. Industria alimenticia 39
       4.2.8. Muebles de baño 39
       4.2.8. Artículos escolares 40
       4.2.9. Fertilizantes 40
       4.2.10. Agregados pétreos 41
   4.3. Aplicaciones específicas por segmento del carbonato de calcio 41

Capítulo 5
Carbonato de calcio del estado de Hidalgo. Propiedades y características . . . 45
   5.1. Introducción 47
   5.2. Caracterización Mineralógica 48
       5.2.1. Difracción de Rayos – X 48
       5.2.2. Microscopía Electrónica de Barrido en conjunción
              con Espectrometría de Rayos – X por Dispersión de Energías . 51
   5.3. Caracterización física 57
       5.3.1. Resistencia a la abrasión o desgaste de los agregados
              (prueba de los Ángeles) 57
       5.3.2. Absorción de aceite y masa especifica a granel 59
       5.3.3. Determinación del cono de arena. Equivalente de arena 62
       5.3.4. Sanidad por sulfato de sodio 65
       5.3.5. Prueba de calcinación 66
   5.4. Caracterización química 67
   5.5. Caracterización granulométrica (para carbonato de calcio micronizado) 69

Bibliografía 75
Anexos para consulta 77
Sobre los autores 79

Introducción

México tiene una gran tradición en la producción de carbonato de calcio. Es por ello que, en los últimos años se ha consolidado como uno de los principales productores de este mineral en el ámbito internacional. Sin embargo, los productores de este material desconocen ampliamente sobre las especificaciones, características físicas, químicas y mineralógicas del mismo y, por consiguiente, de los usos tradicionales y alternos de este mineral.

En cuanto a la catalogación de sus posibles usos, este material se utiliza principalmente para la elaboración de cal, cemento y carbonato de calcio. La cal u óxido de calcio, es un producto de la calcinación de la caliza. Los usos generales de la cal en sus tres variantes, cal viva, cal hidratada y cal hidráulica, se encuentran en la minería, construcción, industria papelera, cerámica, estabilización de suelos y pinturas; mientras que, por otra parte el cemento prácticamente se utiliza en la industria de la construcción, principalmente. El carbonato de calcio presenta dos variantes comerciales que son: molido y precipitado, siendo, de este último sus principales aplicaciones en la industria farmacéutica, pintura, cosméticos, artículos de aseo, vidrio, alimentos, plásticos, hule, entre otros. Este amplio mercado indica que el carbonato de calcio es un negocio viable inclusive si es re procesado a partir de las escombreras generadas durante la extracción de la caliza.

Así mismo, hay un gran vacío sobre las aplicaciones y usos comerciales e industriales del carbonato de calcio precipitado (CCP), así como del carbonato de magnesio precipitado. Actualmente México solo contribuye con el 10% del consumo en el mercado nacional, ya que el 90 % restante tiene que ser importado. Lo anterior, se debe a que no se cuenta con la tecnología necesaria y la visión para poder desarrollar proyectos productivos para el procesamiento de este tipo de carbonatos minerales a nivel nacional; lo cual, además de propiciar el desarrollo económico del país, mediante la generación de nuevos empleos, puede ser un polo importante de desarrollo científico y tecnológico al dejar la dependencia de las importaciones e indagar en usos alternos, procesos innovadores y proyectos de desarrollo.

En cuanto a su producción y ocurrencia, la caliza que es una roca sedimentaria y se encuentra ampliamente distribuida en la corteza terrestre, es uno de los materiales más utilizado para la elaboración de diversos productos y en varios procesos industriales y de la transformación. En nuestro país los principales yacimientos se encuentran en los estados de Coahuila, San Luis Potosí, Nuevo León, Quintana Roo, Tabasco, Oaxaca, Jalisco, Colima, Hidalgo, Estado de México, Baja California, Sonora y Chihuahua.

En el estado de Hidalgo los municipios que encabezan la producción de caliza son: Francisco I. Madero, Nicolás Flores, Atotonilco de Tula, Metztitlán, Mixquiahuala, Progreso de Obregón, San Salvador, Santiago de Anaya y Zimapán; de donde se extrae en conjunto, el 8.1 % de la producción nacional.

Capítulo 1

Generalidades

En este capítulo se presentan las generalidades de la producción de carbonatos como minerales no metálicos y del carbonato de calcio en particular; así como la descripción de las principales rocas de las cuales podemos obtenerlos y finalmente sus aplicaciones en base a las propiedades físicas y químicas que poseen. De este modo, este texto viene a reforzar el conocimiento de la riqueza minera de los minerales no metálicos en el estado de Hidalgo y particularmente de la minería de carbonatos, específicamente el de calcio.

1.1. Carbonatos como formadores de minerales

Antes de abordar por completo el objetivo básico de este texto, es preciso definir el mineral carbonato de calcio, que de acuerdo a sus definiciones; dícese, según las ciencias químicas, a las sales de ácido carbónico que presentan como ión común al anión CO_3^{-2}. Por su parte, para las ciencias de la Tierra, el término carbonato se refiere a todo mineral que presente el anión carbonato (CO_3^{-2}) como parte de su estructura iónica fundamental. Este término es asignado tanto a sedimentos como a rocas que incluyan a este mineral como su constituyente más abundante (más del 50%) en su estructura, y que puede ser producto de la precipitación biótica o abiótica en solución acuosa de carbonatos de calcio, magnesio o hierro.

Comúnmente, el anión CO_3^{-2} suele mezclarse con diversos cationes formando así diferentes tipos de carbonatos. Cuando el anión CO_3^{-2} está combinado con ion calcio, entonces formarán minerales de carbonato de calcio ($CaCO_3$), tales como la calcita, la aragonita, la vaterita. Estos minerales, especialmente la calcita y la aragonita, eventualmente pueden formar sedimentos y rocas calcáreas. La Tabla 1.1 muestra los diferentes elementos que pueden combinarse con el anión CO_3^{-2}, así como los diferentes tipos de carbonatos que se dan en la naturaleza.

Nombre	Fórmula química
Ácido Carbónico	H_2CO_3
Carbonato de Litio	Li_2CO_3
Carbonato de Berilio	$BeCO_3$
Carbonato de Sodio	Na_2CO_3
Carbonato de Magnesio	$MgCO_3$
Carbonato de Aluminio	$Al(CO_3)_3$
Carbonato de Potasio	K_2CO_3
Carbonato de Calcio	$CaCO_3$
Carbonato de Manganeso	$MnCO_3$
Siderita	$FeCO_3$
Carbonato de Cobalto II	$CoCO_3$
Carbonato de Níquel II	$NiCO_3$
Carbonato de Cobre II	$CuCO_3$
Carbonato de Zinc /Smithsonita	$ZnCO_3$
Carbonato de Rubidio	Rb_2CO_3
Carbonato de Estroncio	$SrCO_3$
Carbonato de Plata	Ag_2CO_3
Carbonato de Cadmio	$CdCO_3$
Carbonato de Cesio	Cs_2CO_3
Carbonato de Bario	$BaCO_3$
Carbonato de Talio I	Tl_2CO_3
Carbonato de Plomo	$PbCO_3$
Carbonato de Lantano	$La_2(CO_3)_3$

Tabla 1.1. Categorías de Carbonatos ordenados por el número atómico de su catión.

El carbonato de calcio, es un polvo blanco insípido; con una dureza que no sobrepasa 5 en la escala de Mohs, dependiendo de la roca que este formando, su densidad teórica es de 2.7 g/cm³ y una composición química promedio de 59.96 % de carbonato y 40.04 % de calcio.

El estado de Hidalgo presenta una amplia colección de rocas que contienen carbonato de calcio; entre ellas se encuentra la caliza, caliza recristalizada, calcita, mármol, dolomita y aragonita. Siendo esta última la que se encuentra en menor proporción a diferencia de las demás, por lo tanto su utilización como fuente de carbonato de calcio no es viable. Las rocas mencionadas anteriormente se diferencian principalmente en la concentración de carbonato de calcio contenido y en su estructura cristalina.

1.2. Carbonato de calcio como formador de rocas calcáreas

Este compuesto es muy abundante siendo componente fundamental de minerales, rocas, y algunos esqueletos de invertebrados como moluscos, corales; así como espículas de esponjas y como parte de la cáscara del huevo de vertebrados. En la naturaleza, este compuesto está presente en tres polimorfos: aragonita, calcita y la valerita.

La calcita es el mineral más común formador de rocas. Usualmente este mineral es de color blanco, aunque en algunas ocasiones puede ser transparente, pálido o mostrar diferentes escalas de grises, rara vez amarillo y azul. Presenta un clivaje romboédrico, un lustre vítreo y una dureza de 3 dentro de la escala de Mohs y reacciona con efervescencia ante el ácido clorhídrico.

Asimismo, la calcita es el principal constituyente de rocas como la caliza y en algunas margas, en las que ocurre en estado cristalino. También está presente en el *"Chalk"*, un tipo de caliza blanca y deleznable altamente fosilífera, en la *"Tufa"* y en el *"Travertino"*. De igual modo, se le encuentra presente en los exoesqueletos de diversos grupos de invertebrados tales como trilobites, balanos, crinoideos, corales, briozoarios, esponjas, entre otros. Además, es común encontrarla como mineral de ganga en depósitos y como medio cementante en rocas sedimentarias clásticas, y como un constituyente en rocas ígneas como en carbonatitas.

Por su parte, el aragonito o aragonita es un mineral de clivaje ortorrómbico de color blanco amarillento o gris también compuesto por $CaCO_3$. Este mineral presenta una densidad y dureza mayor que la calcita, y además, es menos estable y menos común. La aragonita representa un constituyente importante de lodos calcáreos marinos poco profundos. También está presente en las conchas de diversos grupos de invertebrados tales como monoplacóforos, nautiloideos, ammonites y es un constituyente presente en diferentes partes de los exoesqueletos de bivalvos y las perlas que estos producen. La aragonita ocurre como agregados fibrosos en capas de yeso y yacimientos de hierro, así como en depósitos tipo *"Hot Spring"*.

Por último, la vaterita es un mineral muy raro, no presenta color y tiene un arreglo hexagonal. Su fórmula es μ-$CaCO_3$ y representa una forma muy rara de carbonato de calcio. Su estructura es hexagonal y es más soluble que la calcita y el aragonito. Este mineral rara vez es observado en sistemas naturales y en material biogénico, siendo meta-estable en comparación con la calcita y la aragonita. Sin embargo, es relativamente fácil producirlo bajo condiciones de laboratorio.

Además de estas variedades de minerales de carbonato de calcio, existe la dolomita, un mineral del sistema trigonal y con estructura romboédrica formado por carbonato de calcio y magnesio $CaMg(CO_3)_2$. La dolomita tiene un lustre vítreo y presenta colores que varían desde el blanco hasta el gris, pasando por tonalidades amarillas, rosas, cafés y en algunas ocasiones es incolora. Generalmente se forma por reemplazamiento de minerales de calcita.

Desde el punto de vista sedimentario, se entiende por carbonato al sedimento formado por precipitación acuosa o por un origen biótico o abiótico de carbonato de calcio. Sin embargo, este término también se aplica para definir a rocas compuestas por más del 50 % de su peso de minerales de carbonato.

Por carbonatos también se conocen a rocas formadas por cualquiera de estos minerales. La nomenclatura empleada para rocas calcáreas también dependerá del mineral principal que la constituye. Los términos más frecuentemente usados son caliza (cuando están formadas principalmente por $CaCO_3$), dolomía (cuando tienen una cantidad importante de calcita rica en magnesio) y marga (una roca híbrida entre detrítica y calcárea).

Entre los constituyentes menores dentro de la roca pueden estar presentes la dolomita, sílice, pirita y rara vez un porcentaje muy bajo de feldespatos y minerales de óxido de hierro, como la hematita, la goethita y la siderita. Las calizas tienen un origen tanto biótico como abiótico, y pueden ser tanto detríticas, químicas, cristalinas, recristalizadas o bien, estar formadas por estructuras mayores a 64 micras tales como pelets, ooides (Adams, et al., 1990) o bien, formadas por organismos constructores de arrecifes, tales como estromatopóridos (Paleozoico), rudistas (Mesozoico), corales (Cenozoico), entre otros.

CAPÍTULO 2

Rocas que contienen $CaCO_3$

2.1. Descripción

Este mineral se encuentra en forma de vetas incrustadas en la caliza, en baja relación en comparación a la misma; generalmente de coloración miel o amarillento. Está compuesta en un 99 % con carbonato de calcio ($CaCO_3$) mayoritariamente con contenidos promedio de óxido de calcio (CaO) 56.03 % y bióxido de carbono (CO_2) 43.97 %.

La calcita tiene un sistema cristalino trigonal y se presenta en una gran variedad de formas cristalinas de las que podemos contar 80 romboedros distintos y más de 200 escalenoedros, los más comunes son los romboedros chatos y afilados como el que se muestra en la Figura 2.1.

Figura 2.1. Cristal de calcita romboédrico.

Figura 2.2. Caliza Recristalizada.

Figura 2.3. Caliza.

Caliza

Es uno de los minerales no metálicos más abundantes en la naturaleza, encontrándose en forma de masas rocosas sedimentarias compuestas principalmente por carbonato de calcio, con impurezas de alúmina, sílice, y magnesio. Se conoce bajo diversos nombres según su grado de pureza y diferencias en las propiedades físicas, teniéndose la caliza cristalizada (Figura 2.2) y caliza normal (Figura 2.3).

La clasificación mostrada, se da en base a su concentración de carbonato de calcio (Tabla 2.1). Una de las rocas que posee mayor concentración de carbonato es la

Tipo de caliza	Contenido de $CaCO_3$ (%)
Caliza Recristalizada	94 – 96
Caliza	92

Tabla 2.1. Concentración de carbonato de calcio en distintos tipos de calizas.

Figura 2.4. Dolomía.

caliza recristalizada, seguida de la caliza. En el estado de Hidalgo existen amplios yacimientos de los primeros dos tipos de caliza mencionados.

Dolomía

La dolomía es una roca compuesta por dolomita, el cual es un mineral ampliamente distribuido en la naturaleza compuesto de un doble carbonato de calcio o magnesio y algunas veces manganeso, de color grisáceo de origen puramente sedimentario (Figura 2.4). Por esta razón, siempre está asociado con rocas sedimentarias calcáreas y en raras ocasiones con otros sedimentos.

2.2. Propiedades Químicas del Carbonato de Calcio

El carbonato de calcio es un mineral que tiene una reacción efervescente cuando se pone en contacto con ácidos diluidos desprendiendo CO_2 (vea la reacción química en la parte inferior).

$$CaCO_3 + 2HCl \rightarrow CaCl_2 + CO_2 \uparrow + H_2O$$

Es un mineral que descompone al calentarse en un rango de temperatura de 825 –1339 °C formando óxido de calcio (cal viva). En la Tabla 2.2, se presentan las composiciones químicas promedio del carbonato de calcio y las pérdidas por calcinación las cuales son las referencias para determinar algunas de sus propiedades y usos a nivel industrial.

Mineral	% (en peso)	Mineral	% (en peso)
Carbonato de Calcio ($CaCO_3$)	98.0 mínimo	Pentóxido de Fósforo (P_2O_5)	Trazas
Óxido de Manganeso (MgO)	0.55	Óxido de Potasio (K_2O)	0.05
Sílice (SiO_2)	0.27	Óxido de Sodio (Na_2O)	0.21
Alúmina (Al_2O_3)	0.50	Insolubles en HCl	1.00 máximo
Trióxido de Hierro III (Fe_2O_3)	0.09 máximo	Pérdidas por calcinación	43.15
Dióxido de Titanio (TiO_2)	0.03	pH (suspensión acuosa al 10%)	8.5 – 9.5
Trióxido de Azufre (SO_3)	0.25 máximo		

Tabla 2.2. Composición química promedio del carbonato de calcio.

2.3. Propiedades Físicas del Carbonato de Calcio

El carbonato de calcio es un polvo blanco o cristales incoloros, inodoros e insípidos, insoluble en alcohol, con baja solubilidad en agua (1-2mg/100ml); altamente soluble en ácidos diluidos y cloruro de amonio. En la Tabla 2.3 se muestran otras propiedades físicas del carbonato de calcio.

Propiedad	Especificación
Brillo (Colorímetro)	95 min (Escala L*a*b*)
Densidad	2.6 a 2.95 g/cm³
Dureza	3 a 4 escala de Mohs
Estructura Cristalina	Romboédrica – Piramidal, Romboédrica – Cúbica con forma de aguja
Humedad	0.09% máxima

Tabla 2.3. Propiedades del Carbonato de calcio.

CAPÍTULO 3

Explotación y extracción de $CaCO_3$

3.1. Métodos de Extracción

La explotación de estos minerales se realiza a cielo abierto, utilizando el método de banqueo o terrazas descendentes y en la mayoría de los casos sin un plan de minado determinado, debido a la falta de capacitación, asistencia técnica y capital de trabajo. La Figura 3.1 muestra una mina a cielo abierto para la explotación de caliza en el estado de Hidalgo.

Estas operaciones resultan económicas y seguras; siempre y cuando sea posible su aplicación, los "tajos" pueden alcanzar una longitud o diámetro de varios cientos

Figura 3.1. Explotación a cielo abierto de calizas en Atotonilco de Tula, Hidalgo. México.

de metros y la escala de operación de muchos miles de toneladas por día. Presentando un buen porcentaje de aprovechamiento del yacimiento y la explotación es relativamente barata. En este tipo de minado es necesario tener en consideración la forma y tamaño, echado, distribución de los valores, comportamiento de la roca encajonante y el mineral.

Este sistema de explotación debe hacerse satisfaciendo tres objetivos esenciales:

1. Economía de la explotación.
2. Seguridad en la operación.
3. El mayor aprovechamiento de las reservas.

El cumplir estos tres objetivos permitirá una extracción muy conveniente, económicamente y más segura.

3.2. Localización de Yacimientos en el estado de Hidalgo

Los municipios donde se localizan los principales yacimientos en el estado están señalados con puntos de colores en la Figura 3.2 y son: Francisco I. Madero (verde

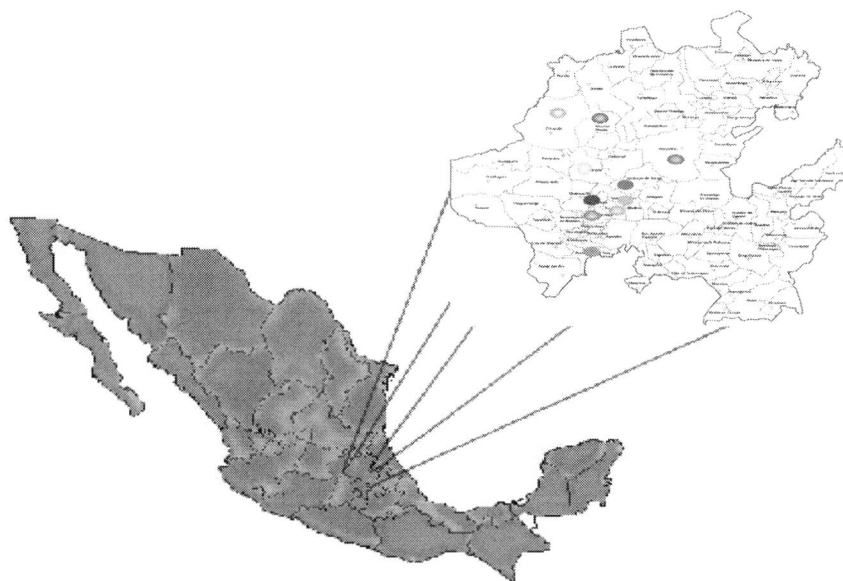

Figura 3.2. Distribución de yacimientos de calizas en el estado de Hidalgo, México.

limón), Nicolás Flores (verde), Atotonilco de Tula (naranja), Metztitlán (solferino), Mixquiahuala (rojo), Progreso de Obregón (azul marino), San Salvador (azul cielo sólido), Santiago de Anaya (gris) y Zimapán (punto azul cielo); de los cuales se extrae 8.1 % de caliza a nivel nacional; lo que posiciona al estado de Hidalgo como el primer productor de este material.

3.3. Potencial

En los municipios de Zimapán y Nicolás Flores los yacimientos son cuerpos masivos con grandes extensiones, cuyas reservas garantizan una vida bastante amplia, aun considerando un aumento en el ritmo de explotación.

En los municipios de San salvador, Francisco I. Madero, Mixquiahuala, Progreso de Obregón, Santiago de Anaya y Metztitlán; los yacimientos son de dimensiones inferiores, considerando que están formados en vetas, principalmente de calcita que se van adelgazando a cierta profundidad, ver Figura 3.3.

La Tabla 3.1 muestra la producción anualizada desde el año 2007 al 2013 del carbonato de calcio en México. Del total de la producción de carbonato de calcio nacional, el 90 % de la producción se extrae en el estado de Hidalgo, teniendo tres regiones principales, la región de Zimapan Hidalgo con una composición pro-

Figura 3.3. Foto del potencial Geológico-Minero de carbonato de calcio de la región de Tepatepec.

	2007	2008	2009	2010	2011	2013
Producción	1,934,483	2,483,604	2,352,109	2,555,544	3,185,369	4,694,156

Fuente: Anuario Estadístico de la Minería Mexicana Ampliada, SGM.Sistema de Información Arancelaria Via Internet (SIAVI). Secretaría de Economía.

Tabla 3.1. Producción anualizada del Carbonato de Calcio en México (En Toneladas).

medio del 96 % de Carbonato de calcio, la región de Francisco I. Madero con una composición promedio del 99 % de Carbonato de calcio y la región de Tula con una composición promedio del 92 % de Carbonato de calcio.

Por lo anterior, esta publicación viene a reforzar el conocimiento de la riqueza minera de los Minerales No Metálicos, ya que en un futuro se prevé un incremento en la explotación y procesamiento de este mineral, en donde actualmente de la explotación y molienda del carbonato de calcio en esta región, dependen aproximadamente 10,000 habitantes, aunado también a los apoyos que los Gobiernos Federal y Estatal brindan a través de los organismos de fomento a la minería y que se están implementando para el desarrollo de estas regiones mineras en el Estado, con el apoyo coordinado de las Instituciones de Educación Superior y de Investigación de la Entidad.

Lo cual permitirá obtener carbonato de calcio con mejor calidad, un mayor aprovechamiento y la implementación de tecnología de punta para su procesamiento, así como la elaboración de proyectos productivos para darle mayor valor agregado a los productos de la piedra caliza.

3.4. Marco normativo del carbonato de calcio

Se presentan las normas que rigen al carbonato de calcio en los marcos ambientales, de seguridad y procesamiento del mismo.

Normas Nacionales:

En cuanto a las normas nacionales aplicables al carbonato de calcio tenemos la ley minera de la cual haremos uso en los artículos 4° y 5° y la norma NMX-K-033-1986

Clave	Título
NMX-K-033-1986	Carbonato de Calcio Precipitado
Artículos 4° y 5°	Ley Minera
NMX-C-164	Masa específica y absorción
NMX-C073	Masa volumétrica suelta
NMX-C-196	Abrasión de los Ángeles
NMX-C075 ONNCCE	Sanidad por sulfato de sodio
AASTHO-T-175	Equivalente de arena

Fuente: Sistema de Información Comercial de México (SICM).

Tabla 3.2. Marco normativo del carbonato de calcio. Normas Nacionales.

La Ley minera en el capítulo primero, artículos 4º y 5º, menciona los minerales que deberán sujetarse a esta normatividad (Tabla 3.2). En particular el artículo 4º que define los minerales y rocas sujetos a la aplicación de la Ley Minera, no mencionando en especifico a la caliza, calcita, mármol, en el cual el usufructo de estos minerales es del propietario del yacimiento, no así para el caso de la dolomita.

Normas Internacionales:

Las normas aplicables al carbonato de calcio a nivel internacional son las ASTM, BS ISO (ver Tabla 3.3).

En estas normas se hacen especificaciones sobre el tamaño de partícula, pureza (composición química), opacidad y brillo; requeridas por las empresas que hacen uso del carbonato de calcio como materia prima en sus procesos.

3.5. Disposiciones ambientales

Las disposiciones ambientales referentes al carbonato de calcio, se pueden clasificar en dos grupos; las normas nacionales (solo para el caso de que sea concesible el mineral) y las normas estatales.

Clave	Titulo
Normas ASTM	
D-11-99-86 (1991)	Especificación para pigmentos de carbonato de calcio
D-5634-96	Guía para la selección de papeles permanentes del desplazamiento durable y para libros
D-3301-94	Especificación para carpetas de archivos para almacén de riesgos permanentes
D-3290-94	Especificaciones para papeles Bond y en cinta de registros permanentes
D-3208-94	Especificaciones para papeles Bond de registros permanentes
D-4791	Porcentaje de piedras lajeadas y alargadas.
Normas BS ISO	
BS-1456	Especificaciones para la utilización de carbonato de calcio en vidrios
Normas europeas	
UNE-EN 933-8:2000	Determinación de la cantidad de arcillas.

Fuente: Sistema de Información Comercial de México (SICM).

Tabla 3.3. Marco normativo del carbonato de calcio. Normas Internacionales.

La norma NTEE-COEDE-001/2000 es estatal y se rige en el estado de Hidalgo. En ella, se establecen las condiciones para la explotación adecuada de materiales pétreos. En esta norma no se hace mención alguna del carbonato de calcio; sin embargo, es muy estricta en los lineamientos necesarios para una mina a cielo abierto típica de la extracción de este material, sobre todo en materia de seguridad y ecología.

3.6. Cadena productiva del carbonato de calcio

La cadena productiva del carbonato de calcio es amplia y abarca varias etapas, durante las cuales se genera gran cantidad de empleos directos e indirectos; lo que demuestra la importancia de esta industria a nivel nacional. La Figura 3.4, muestra

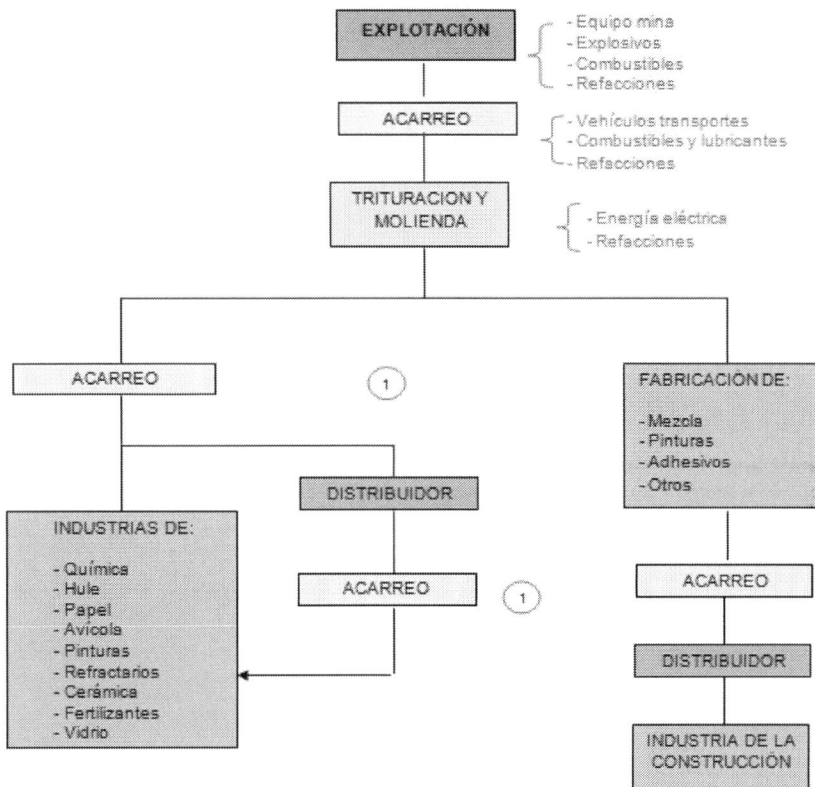

Figura 3.4. Esquema de la cadena de producción del carbonato de calcio.

las etapas del procesamiento del carbonato de calcio, partiendo de la explotación o minado.

3.6.1. *Proceso de obtención del carbonato de calcio micronizado*

El proceso de extracción del carbonato de calcio consiste en cinco etapas, que se muestran en la Figura 3.5; estas son la extracción, trituración, molienda, clasificación, envase y embarque.

3.6.1.1. *Extracción*

El carbonato de calcio debe ser explotado a cielo abierto, al menos que pueda justificarse su explotación subterránea, otra razón para este tipo de extracción

Extracción Mineral (carbonato de calcio)

Trituración
Reducción del tamaño del mineral

Molienda
El mineral se convierte en polvo de carbonato de calcio

Clasificación
Sepación granulométrica

Purificación
clasificación de acuerdo composción química

Envase y embarque

(Fuente: Dirección General de Promoción Minera, estudio de mercado de roca caliza, 2002)

Figura 3.5. Proceso esquemático de la extracción del carbonato de calcio.

es debida al alto volumen que se requiere en los procesos de producción que lo necesitan como materia prima y alterna.

El proceso de extracción de este mineral consiste a grandes rasgos en desmontar el área a trabajar, a continuación se lleva a cabo el descapote, posteriormente se procede a barrenar aplicando el patrón de barrenación para homogeneizar la fragmentación de la roca, se realiza la carga de explosivos y se efectúa la voladura, tumbe y rezagado; por último se lleva carga y acarreo a la planta de trituración donde se efectúa la primera reducción de tamaño que tienen como propósito el inicio de la preparación de un producto terminado para una aplicación especifica. Las etapas comprendidas son la trituración, molienda, clasificación y empacado, aunque en otros países se cuenta con una etapa extra que consiste en la eliminación de agua.

3.6.1.2. Trituración

Los trozos acarreados de la mina son puestos en las quebradoras con el fin de reducir su tamaño y facilitar la siguiente etapa. Muchas veces el material debe pasar por muchas etapas de trituración hasta que se alcance el tamaño requerido para pasar a la siguiente fase.

3.6.1.3. Molienda

El producto triturado es introducido a los molinos Raymond, para reducir aún más el tamaño del grano del carbonato de calcio hasta convertirlo en polvo (de aproximadamente 3 a 5 micras), así como preparar la granulometría requerida por el usuario.

3.6.1.4. Purificación

Consiste en la clasificación de las partículas en base a su composición química, un ejemplo sería la separación de la mezcla de dos minerales en los componentes predominantes. Los dos ejemplos más comunes son la flotación y la separación magnética.

3.6.1.5. Clasificación

El producto obtenido en la molienda contiene varios tamaños de partícula; por lo que es necesario separarlas y remover las sustancias extrañas. Lo anterior es importante porque los requerimientos de la industria están relacionados con la granulometría, blancura y pureza, entre otros. Este proceso se lleva a cabo por dos vías, la seca y la húmeda; en la primera se hace uso de tamices y clasificadores de aire, mientras que en el segundo caso se hace uso de los hidrociclones o centrifugado. Esta separación solo aplica para el tamaño de partícula y no hace clasificación en base a la composición química.

3.6.1.6. Envase y embarque

Una vez clasificado y purificado el carbonato de calcio es colocado en una tolva para almacenarlo; desde aquí el carbonato de calcio es envasado ya sea en bolsas de papel o de plástico; aunque si se desea, este es cargado directamente en camiones para su entrega a granel.

Capítulo 4

Usos y aplicaciones

4.1. Variedades comerciales

El carbonato de calcio se presenta en dos variantes comerciales que son el molido y el precipitado. El carbonato de calcio molido es el compuesto químico de fórmula $CaCO_3$, obtenido por la molienda directa de la roca caliza y que cumple con las especificaciones químicas, físicas, granulométricas y mecánicas requeridas.

El carbonato de calcio precipitado es el compuesto químico de fórmula $CaCO_3$, obtenido por la precipitación del calcio en forma de carbonato. Tiene menos impurezas, más brillo y morfología controlada, teniendo composición química superior al 99 % de $CaCO_3$, es usado como relleno y extensor en plástico, pintura, papel y adhesivos; así como en productos para aplicación en alimentos y farmacéutica. Otras aplicaciones en que puede usarse es en recubrimientos y elastómeros.

La forma más común para obtener carbonato de calcio precipitado consiste en pasar CO_2 en forma de gas a una solución de lechada de cal, llevándose a cabo las siguientes reacciones químicas:

Calcinación

$$CaCO_3 \rightarrow CaO + CO_2$$

Hidratación o apagamiento

$$CaO + \rightarrow H_2O\,Ca(OH)_2$$

Carbonatación

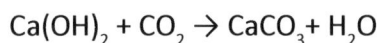

$$Ca(OH)_2 + CO_2 \rightarrow CaCO_3 + H_2O$$

4.2. Usos

El carbonato de calcio es un mineral con una amplia gama de aplicación, que puede ir desde la industria del vidrio hasta la industria alimenticia; a continuación se presentan algunas industrias donde este se aplica:

- Vidrio
- Papel
- Cartón
- Plásticos
- Artículos escolares
- Pinturas
- Selladores
- Abrasivos
- Cerámica
- Alimentos
- Fertilizantes
- Agregados pétreos

Como se aprecia el mercado es amplio y en cada una de estas industrias, el carbonato de calcio brinda a los productos propiedades que de otra manera no se podrían lograr al mismo costo. Estos usos son amplios y en este trabajo solo se mencionaran algunos de ellos de manera simple y concisa.

4.2.1. Vidrio

Dentro de este segmento, el carbonato de calcio ($CaCO_3$) tiene la función de introducir óxido de calcio (CaO) a la mezcla, brindar resistencia mecánica, brillo, estabilizar la red interna y actuar como fundente. Como principal fuente de este mineral tenemos a la caliza, debido a su alta disponibilidad y elevada pureza natural. Sin embargo, algunas veces presenta impureza de sílice, fosfato y óxido de magnesio (MgO) que sí están por debajo del 0.3 % la hacen ideal para una industria que requiere grandes cantidades de este material (Figura 4.1).

Para que el carbonato de calcio sea utilizado en esta industria, principalmente en la elaboración de vidrio sódico-cálcico como vidrio para ventanas, botellas etc., debe cumplir con la siguiente composición química:

Figura 4.1. Productos de vidrio con CaCO$_3$ como compuesto de la mezcla.

- 55.2 % de CaO mínimo
- 0.035 % de Fe$_2$O$_3$ máximo
- 1 % máximo de residuos insolubles en ácido clorhídrico incluyendo SiO$_2$.
- 0.1 % de impurezas tales como manganeso, plomo, azufre etc.(expresado en óxidos).
- 1 % máximo de materia orgánica.
- Cero elementos colorantes del vidrio.

4.2.2. Papel

El uso del carbonato de calcio micronizado dentro de este segmento está dirigido básicamente a la producción de papel para escritura e impresión, funcionando como relleno, revestimiento y mejorando las propiedades del producto; como lo son el brillo, opacidad, acabado satinado, porosidad, propiedades estructurales del producto, blancura, durabilidad e incrementa la facilidad de impresión.

En el cartón se ha detectado su utilización básicamente en cartones plegadizos que se utilizan en la industria del empaque, funcionando principalmente como carga,

*Figura 4.2. Piezas de cartón fabricadas con carbonato
de calcio como material de refuerzo.*

para rellenar los espacios vacíos de la celulosa brindando mejores propiedades mecánicas y en ambas industrias, para la reducción de la acidez en el proceso de producción (Figura 4.2).

El carbonato de calcio utilizado en este sector debe tener un tamaño de partícula promedio menor a #325 y una concentración de $CaCO_3$ de 96.5 %, 2 % de MgO y 1.2 % de SiO_2.

4.2.3. Plásticos

El uso de rellenos en la industria del plástico ascendía a nivel mundial aproximadamente a los 10 millones de toneladas en 1999, de las cuales cerca del 66 % corresponde al uso exclusivo de carbonato de calcio. Este se utiliza principalmente como carga, en el polietileno, el polipropileno, el PVC y el poliestireno. Sin embargo, a nivel nacional su uso solo se dirige a la fabricación del PVC flexible, en la elaboración de suela para zapatos y pisos vinílicos, pues brinda rigidez, dureza y mejor resistencia a la abrasividad; además de mejorar sus propiedades ópticas, resistencia química, modifica sus propiedades eléctricas, gravedad específica y reduce costos.

Una de las principales características del carbonato de calcio utilizado en la industria del plástico es el tamaño y forma de la partícula. Las formas que se desean

Polímero	Tamaño de partícula
PVC	1.5 a 4.0 micras (µm)
Polietilenos	2 a 3 micras (µm)
Polipropilenos	1.5 a 3.5 micras (µm)

Tabla 4.1. Tamaños de partícula recomendados para polímeros como el PVC.

son esferas, cubos o cuboides; pues de esta manera se incrementa la resistencia y a su vez actúa como relleno.

En cuanto al tamaño de partícula, es necesario un control muy estricto por que una mala distribución de tamaño de partícula o un tamaño muy grande o peque-ño, lleva a la generación de esfuerzos cortantes innecesarios en el material que ocasionan su degradación. En la Tabla 4.1 se muestran los tamaños de partícula para los polímeros enlistados anteriormente.

4.2.4. Pinturas e impermeabilizantes

Las cargas naturales como la calcita, el talco y el cuarzo son las materias primas más abundantes en la elaboración de pinturas. De las anteriores, la más utilizada es la calcita ($CaCO_3$) debido a su disponibilidad en cantidades masivas con una ca-lidad homogénea y constante a bajo costo. Además, mejora muchas propiedades como la capacidad extensora, la opacidad, apariencia mate, aumenta el efecto colorante, ajusta el brillo, imparte adhesión, incrementa el contenido de sólidos, reduce costos, incrementa la blancura, resistencia a la intemperie y mejora la re-sistencia a la abrasión.

Las principales características buscadas en la calcita micronizada son una blancura > 90 % y un índice de refracción de 1,56 a 1,6, la morfología de las partículas (lami-nas o nódulos), granulometría y absorción de aceite.

De acuerdo a su granulometría el carbonato de calcio puede ser utilizado en dis-tintos tipos de pinturas, dichas clases se presentan en la Tabla 4.2. Estos valores son representativos y algunos de ellos pueden variar de acuerdo al fabricante o al país en el cual se produce el recubrimiento.

Tipo de uso	Tamaño de partícula (μm)
Pinturas de Emulsión	0.9 – 7.0
Primarios	0.9 – 5.0
Pinturas comerciales	0.9 – 5.0
Pinturas contra la corrosión	1.5 – 5.0
Pinturas industriales	0.9 – 2.5
Pinturas texturizadas	30 – 160
Recubrimientos en polvo	0.9 – 20
Pinturas para señalización de caminos	0.9 – 20
Pinturas de silicón	0.9 – 160
Tintas de impresión	0.9
Pasta cepillada y automatizada	500 – 1500
Pasta aplicada con espatúla	1000 – 3000
Pasta de grano abierto	1000 – 3500
Pasta aplicada con rodillo	500 – 2000
Pasta decorativa	1500 – 2500

Tabla 4.2. Tamaño de partícula de distintos tipos de recubrimientos.

4.2.5. Selladores y adhesivos

El carbonato de calcio es el principal relleno para este tipo de productos por su bajo costo, alta disponibilidad, baja reactividad, baja absorción de aceite y por su característica coloración blanca. En este segmento, se usa principalmente en selladores automotrices y para madera mejorando las siguientes características: reducción de costos, incremento de la resistencia al impacto y mejora las propiedades de cubrimiento (funciona como extendedor).

4.2.6. Abrasivos

Dentro de este sector, el carbonato de calcio micronizado encuentra su principal aplicación en productos de limpieza como los pulidores en polvo, principalmente, impartiéndole al producto propiedades abrasivas, además de funcionar como neutralizador del proceso.

4.2.7. Industria alimenticia

En la industria alimenticia es utilizado tanto en la elaboración de alimentos balanceados para ganado y en el enriquecimiento de algunos productos alimenticios para consumo humano.

En el primer caso su uso se dirige hacia la fabricación de alimentos para pollos, puercos, perros y gatos. Funcionando como complemento alimenticio, ya que es fuente de calcio, además de proporcionar consistencia al producto. En el segundo segmento se utiliza para incrementar el contenido de calcio en los alimentos; sin embargo, también brinda al producto propiedades anti-apelmazantes, color, regulador de pH y gasificante.

4.2.8. Muebles de baño

La aplicación del carbonato de calcio dentro de este segmento es en el barniz utilizado para dar el acabado esmaltado a los muebles de baño ó en la formulación de la pasta cerámica, en el primer caso proporciona el aspecto vidriado que se puede apreciar en el producto final, en el segundo caso brinda mejor resistencia a la pieza en verde.

Es ideal que un carbonato de calcio utilizado en un esmalte cuente con las siguientes especificaciones:

Composición química:

CaO	55.35 %	Al_2O_3	0.17 %
K_2O	0.03 %	Fe_2O_3	0.06 %
MgO	0.16 %	SiO_2	0.67 %
Na_2O	0.02 %	TiO_2	0.01 %
MnO	0.01 %		

Propiedades:

Pérdida por calcinación	43.28 %
Blancura	92 %
Absorción de aceite	12 %
Peso específico	2.7 %
Granulometría media	10 µm

4.2.8. Artículos escolares

Dentro de este segmento, la principal aplicación del carbonato de calcio micronizado es como carga en los gises y en la plastilina, impartiéndoles características muy importantes como dureza, cuerpo y consistencia; así mismo, se sabe que en algunas ocasiones se llega a emplear en la fabricación de las gomas de borrar y en las pinturas de lápices. Sin embargo, la cantidad añadida es mínima.

4.2.9. Fertilizantes

Durante mucho tiempo se creyó que la productividad de un campo estaba ligada a sus principales nutrientes (nitrógeno, potasio y fosfato) de acuerdo a la teoría de la sustitución de Liebig´s. Sin embargo, a principios de siglo xx algunos agricultores comprobaron lo contrario ya que muchos de sus campos quedaron arruinados y solamente mejoraron después de la introducción de la caliza como fertilizante.

Esto se debe a que el carbonato de calcio influye en el pH del suelo y por lo tanto se afectan muchos de los factores que sostienen la fertilidad del suelo, como lo son la liberación o almacenamiento de sustancias nocivas o algunos nutrientes, el desarrollo de bacterias, la resistencia del suelo a la erosión, entre otros.

Como resultado de la utilización de abonos con contenido de carbonato de calcio se obtiene un suelo más poroso, por tanto mejor oxigenado, una mayor capacidad de drenado y un pH de 6.2 a 7.4, ya que en este rango de pH encontramos procesos como la nitrificación o la liberación de algunos nutrientes tales como el Molibdeno, Fosforo, Potasio, Magnesio, Manganeso, Boro y Zinc, entre otros.

Requerimiento	Grueso
Sanidad por sulfato de sodio	10 %
Masa volumétrica	1120 g
Resistencia al desgaste	50 % máximo

*Tabla 4.3. Características requeridas de los agregados
pétreos para concretos hidráulicos.*

4.2.10. Agregados pétreos

Son materiales naturales seleccionados que pasan por un proceso de trituración, molienda, cribado o lavado o producidos por expansión, calcinación y fusión del excipiente que se mezclan con cemento Portland para formar concreto hidráulico.

Estos agregados se clasifican en gruesos y finos, principalmente. El primero generalmente presenta un tamaño de entre ¾" y 3" mallas, el segundo está comprendido entre la malla 4" y la malla #200.

Los requerimientos principales para los agregados se presentan en la Tabla 4.3.

4.3. Aplicaciones específicas por segmento del carbonato de calcio

A continuación se exponen, en la Tabla 4.4, las aplicaciones por segmento del carbonato de calcio, los productos terminados en los cuales es utilizado, las características que imparte al producto y su porcentaje de adición para cada caso. Esta tabla se integra con el fin de sintetizar parte de toda la información presentada con anterioridad para facilitar al lector la consulta de información de ser necesaria.

Segmento	Producto terminado	Caracteristicas que imparte al producto	Adición
Vidrio	• Botellas de cristal ambar y verde Georgia	• Brillantez • Estabilizador de la red interna • Fuente de CaO • Imparte propiedades de resistencia mecánica • Da cuerpo y consistencia • Fundente	15 – 20%
Papel	• Papel para escritura • Papel Bond para impresión	• Aumenta blancura • Aumenta durabilidad • Aumenta opacidad • Tersura • Revestimiento	10 – 15%
Cartón	• Cartón para envoltura	• Carga • Rellena espacios vacíos	30%
Selladores	• Selladores automotrices. • Selladores de madera	• Añade sólidos • Da cuerpo • Reduce costos • Espesante	25 – 30%
Abrasivos	• Productos de limpieza pulidores	• Neutraliza • Propiedades abrasivas	40 – 50%
Pisos vinílicos	• Pisos	• Abrasividad • Carga	N.E.
Plásticos	• Calzado. • Suelas.	• Aumenta rigidez • Afecta las propiedades eléctricas. • Mejora resistencia química. • Reduce costos. • Modifica la gravedad específica. • Mejora propiedades ópticas • Dureza • Abrasividad	5 – 50%

Segmento	Producto terminado	Características que imparte al producto	Adición
Pinturas	• Esmaltes • Pinturas vinílicas	• Aumenta el efecto colorante • Imparte adhesión • Incrementa el contenido de sólidos • Reduce costos • Proporciona opacidad y acabado mate	Calidad baja: 20% Calidad alta: 5%
Alimentos balanceados	• Alimentos para pollos, perros, gatos, puercos	• Consistencia • Complemento alimenticio • Fuente de calcio	1.5 – 1.2. – 1.0%
Muebles para baño	• Esmaltes	• Aspecto vidrado	14%
Artículos escolares	• Gises • Plastilinas	• Dureza • Cuerpo • Consistencia	N.E.
Impermeabilizantes	• Impermeabilizantes	• Consistencia • Carga	N.E.

Fuente Investigación de campo, análisis de INFOTEC, Sistema de información Comercial de México (SICM). N.E.= no especifica.

Tabla 4.4. Principales aplicaciones por segmento del carbonato de calcio.

CAPÍTULO 5

Carbonato de calcio del estado de Hidalgo. Propiedades y características

5.1. Introducción

Entender como puede ser utilizado un mineral, un material o compuesto, requiere de saber cuáles son sus principales características, propiedades y especificaciones. Es por ello, que efectuar una adecuada caracterización permitirá elegir una aplicación y/o uso adecuado del material o mineral en cuestión; ello, además permite a los productores conocer cuáles serán las características principales de los residuos que se generen durante su extracción, procesamiento y adecuación, permitiendo además, desarrollar procedimientos que promuevan una adecuada disposición de los residuos o en casos particulares, reaprovechamiento y re–uso de los mismo.

Durante años, los pequeños y medianos productores de piedra caliza y de carbonato de calcio, han explotado, procesado y comercializado sus productos sin mucho conocimiento de sus propiedades y características. Ello, en ocasiones, ha sido condicionante ya que los mercados a los que acceden son muy limitados y desconocen mayores y mejores aplicaciones que les pueden permitir mejores ganancias y comercializar, inclusive sus desechos y residuos de la explotación y del procesamiento.

Es por ello, que este capítulo, presenta una semblanza general y particular de las características más importantes de un depósito de piedra caliza, que se explota para la producción de carbonato de calcio.

Para determinar las propiedades del carbonato de calcio hidalguense; fue necesario la caracterización del mismo mediante las técnicas de Difracción de Rayos X

(DRX), Microscopía Electrónica de Barrido en conjunción con Espectrometría de rayos X por Dispersión de Energías (MEB-EDS), Espectrometría de Absorción Atómica (EAA), entre otras, que a continuación se mencionan.

5.2. Caracterización Mineralógica

5.2.1. Difracción de Rayos – X

Para conocer las principales especies minerales presentes en la cantera se llevó a cabo un análisis mediante difracción de Rayos-X (DRX). Se pesó un gramo de la muestra en polvo, con un tamaño de partícula promedio de −200 mallas (74μm), la cual fue compactada en un porta muestras para la realización del análisis de difracción de rayos X, llevado a cabo con un difractómetro INEL, modelo EQUINOX 2000 el cual operó en las condiciones de trabajo mostradas en la Tabla 5.1.

Los espectros obtenidos por DRX se evaluaron con la ayuda del paquete MATCH y los resultados de las especies minerales encontradas, se muestran en los difractogramas que se presentan a continuación.

El espectro presentado en la Figura 5.1 fue obtenido tras el análisis de la muestra "Blanco" del cual después de ser interpretado se confirmo la presencia de calcita formando completamente a la muestra. El resto de las posibles impurezas que se confirman no son mostradas en esta técnica debido al estrecho nivel de detección de difractómetro.

Característica	Descripción
Radiación	Cu kα_1
Monocromador	Germanio
Voltaje	30 KeV
Intensidad	20 mA
Tiempo de barrido	15 minutos

Tabla 5.1. Condiciones experimentales durante el análisis por DRX.

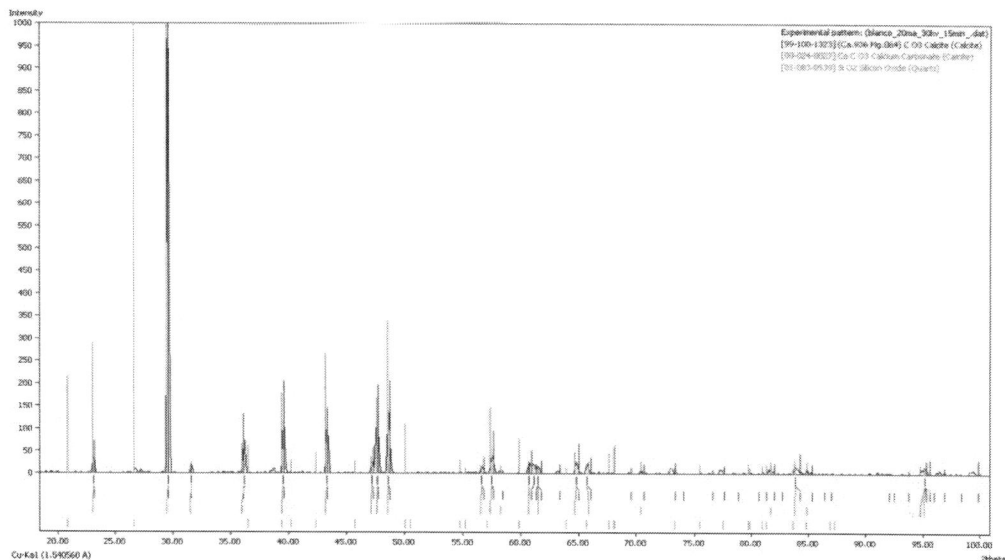

Figura 5.1. Espectro de Difracción de Rayos – X de la muestra de calcita "Blanco".

En cuanto a la muestra "Gris", del espectro mostrado en la Figura 5.2, se ha confirmado como componente principal a la calcita y el resto se encuentra en proporciones muy pequeñas y de acuerdo a la literatura esto sigue indicando la alta pureza de la caliza. Estos mismos resultados aparecieron en la muestra "Mezcla", ver Figura 5.3.

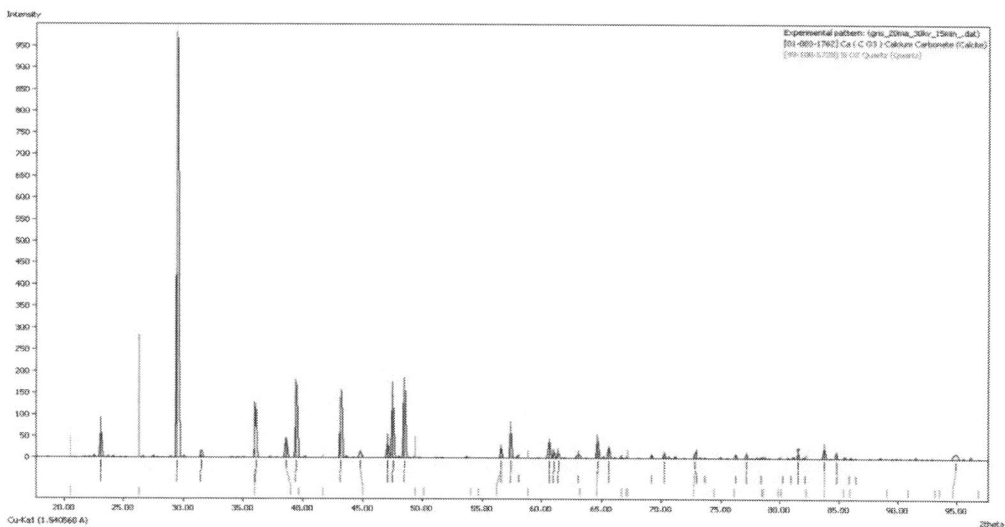

Figura 5.2. Espectro de Difracción de Rayos – X de la muestra "Gris".

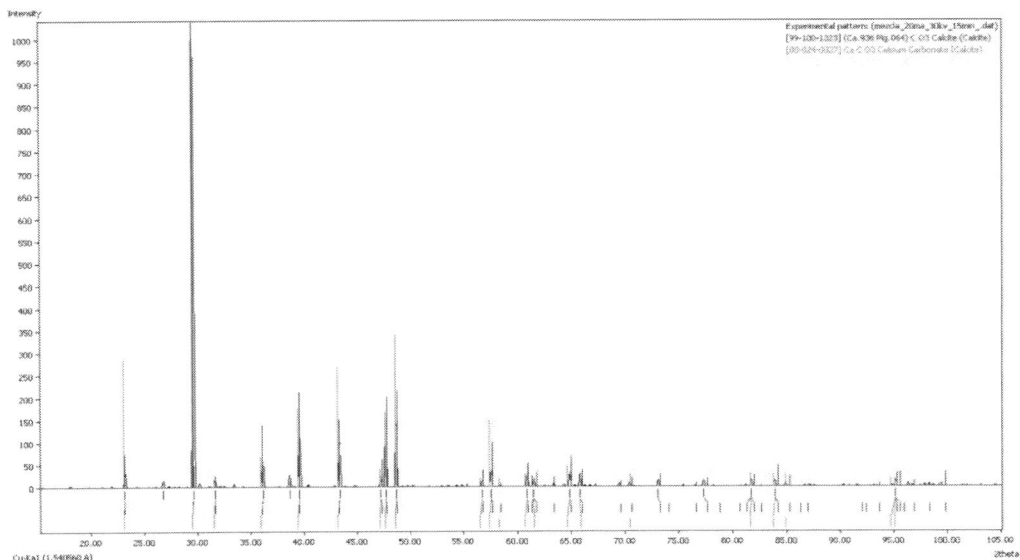

Figura 5.3. Espectro de Difracción de Rayos – X de la muestra "Mezcla"

La muestra colector mostrada en la Figura 5.4, resulto ser interesante debido a que en esta solo se pudo identificar como componente principal a la calcita; por lo tanto, la contaminación con Fe_2O_3, revelado por ICP, se debe al almacenamiento y su trayecto en la maquinaria; una posible solución a esta contaminación sería

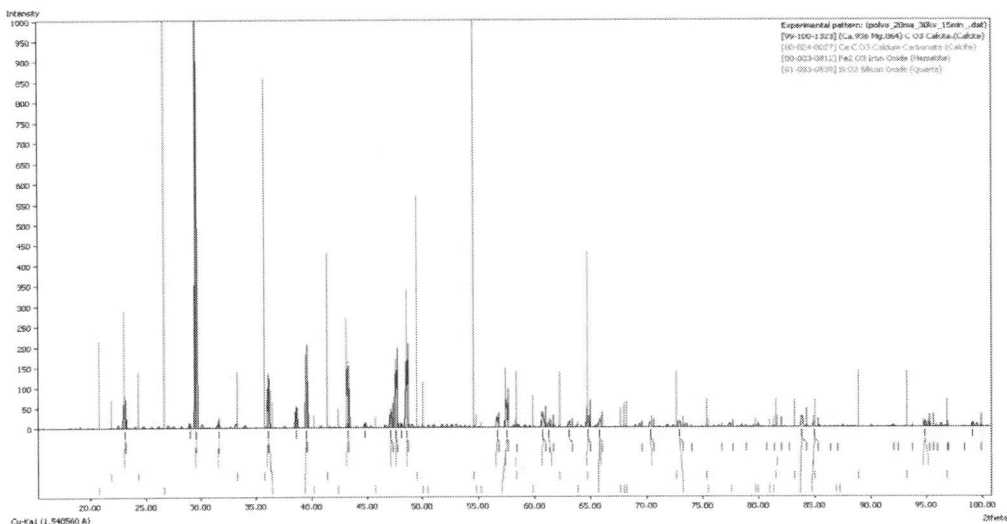

Figura 5.4. Espectro de Difracción de rayos – X de la muestra "Colector".

ubicar el material en un área donde se reduzca su contacto con agentes extraños, otra solución sería embazar el material conforme se colecta y por último cambiar las partes de la maquinaría que contribuyen a la contaminación.

5.2.2. *Microscopía Electrónica de Barrido en conjunción con Espectrometía de Rayos – X por Dispersión de Energías*

El equipo usado para el análisis de microscopía electrónica de barrido fue un microscopio JEOL 6300, modelo JSM (Figura 5.5), con un alcance de 300 000 amplificaciones, spot size de 10^{-2} a 10^{-5} amp y una resolución de 30 KeV. Este equipo cuenta con un espectrómetro de Rayos – X por dispersión de energías (EDS), con el cual se determinan las intensidades relativas de los elementos presentes en el material dentro de un área de análisis de 1 μm^2.

Se montaron las muestras en polvo con un tamaño de partícula de −200, 270, 325 y −500 mallas, sobre una cinta de grafito y se recubrieron con oro en una evaporadora marca DENTUM VACUUM, en un tiempo de recubrimiento de 2 minutos, a una presión de 20 millitores.

Por otro lado, para efectuar los microanálisis de las muestras, estas se colocaron en la cinta de grafito, omitiendo el proceso de recubrimiento con oro.

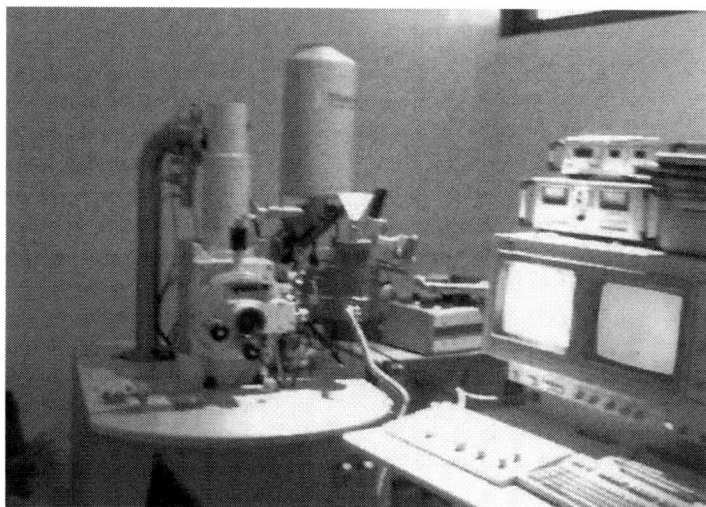

Figura 5.5. Equipo de Microscopía Electrónica de Barrido JEOL 6300.

Como resultado del análisis por microscopia electrónica de barrido (MEB) y de espectroscopia de energía dispersa se obtuvieron las imágenes y espectros que se presentan y discuten a continuación.

En la Figura 5.6, se puede apreciar claramente que el material presenta partículas poligonales de distintos tamaños, señaladas con las flechas amarillas que indican la escala de 10 μm, por lo cual si se desea hacer uso de este tipo de escombrera como material industrial alterno debe hacerse una clasificación por tamaños.

En la Figura 5.7 se muestra una partícula fracturada que en un principio parece ser un cubo pero si se observa con detenimiento en la esquina superior derecha, indicado con un cuadrado rojo; el ángulo no es recto, por lo contrario es un poco más pequeño lo que indica una estructura romboédrica. A la misma muestra le fue efectuado un análisis mediante EDS, de la cual se obtuvo como resultado la composición química que se muestra en la Tabla 5.2.

De la composición química obtenida por EDS (Tabla 5.2), se destaca el contenido de CaO que al ser convertido equivale al 98.5 % de carbonato de calcio; por lo tanto podemos clasificarlo como una caliza de muy alta pureza. El resto de los componentes presentes en la muestra se encuentran en proporciones

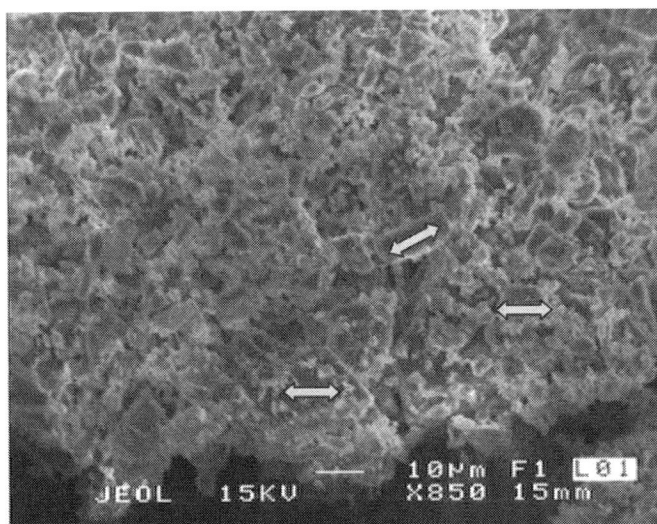

Figura 5.6. Imagen de una partícula de carbonato de calcio, de la muestra "Blanco" (SEM – SE).

Figura 5.7. Imagen a semi – detalle de la estructura
cristalina del carbonato de calcio "Mezcla" (SEM – SE).

Compuesto	% en peso
Fe_2O_3	0.70
Al_2O_3	0.84
SiO_2	2.20
Na_2O	0.28
CaO	63.87
MgO	0.60

Tabla 5.2. Resultados semi – cuantitativos efectuados por EDS. (SEM – EDS).

muy pequeñas por lo cual, su presencia no afecta de manera importante sus posibles usos.

En la Figura 5.8, se aprecia con claridad la forma cubica, que caracteriza al carbonato de calcio micronizado obtenido a partir de la calcita, que como ya se ha comentado, puede ser útil como rellenos. Sin embargo, si estas partículas tienen mayor adhesión con la matriz, el agente servirá como agente reforzante.

Figura 5.8. Morfología particular de la muestra "Blanco". (SEM-SE).

El análisis EDS indica que la muestra "Blanco" posee un contenido de carbonato de calcio por arriba del 98.5%. Esta concentración tan elevada se debe a que es básicamente calcita y por lo tanto, el resto de los componentes se encuentran por debajo del 1%, de modo que podemos considerarlas como trazas en el material, siempre y cuando nos basemos en este análisis, ver Tabla 5.3.

Compuesto	% en peso
Fe_2O_3	0.03
Al_2O_3	0.02
SiO_2	0.10
Na_2O	0.04
CaO	70.94
MgO	0.46

Tabla 5.3. Resultados del análisis efectuado por EDS
de la muestra de caliza recristalizada.

Figura 5.9. Imagen general de las partículas de la muestra "Colector" (SEM-SE).

La fotomicrografía presentada en la Figura 5.9, muestra las partículas presentes en el colector de polvos en la cual podemos apreciar que los tamaños de partícula son menores a 10 µm. De igual manera encontramos que las partículas se vuelven más redondeadas perdiendo su forma poligonal regular.

La pérdida de los bordes afilados en las partículas se puede comprobar en base a las Figuras 5.10 y 5.11. En la primera figura observamos la forma característica de

Figura 5.10. Imagen de una partícula de Caliza gris tamizada a malla 270 (SEM-SE).

Figura 5.11. Imagen particular de la caliza "Colector" a malla – 500 (SEM-SE).

la caliza que es un polígono sólido de esquinas muy pronunciadas; mientras que en la segunda se presenta la misma muestra pero en la etapa posterior al tamizado hasta llegar a la malla #500.

En esta última imagen donde las partículas cambian completamente su morfología (tal cual se esperaba), para empezar se encuentran diversos tamaños de partículas lo que enfatiza aun más la diferencia en tamaños. Sin embargo, la principal observación es que las partículas adheridas a la más grande (resaltada en la imagen con un cuadro rojo), son más redondeadas.

Los resultados del análisis efectuado por EDS, para las muestra de "Calcita" de las figuras anteriores, se presentan en las Tablas 5.4 y 5.5, respectivamente. La primera muestra presenta una alta concentración de carbonato de calcio, después de la conversión aproximadamente del 99%, lo que favorece su posible uso como material industrial alterno, siempre y cuando nos basemos en este análisis. En cuanto al resto de los componentes, el óxido de magnesio y el trióxido de aluminio (alúmina) presentan valores altos, por lo tanto no se pueden considerar como trazas en la muestra.

La caliza gris, al igual que el resto de las muestras presenta alta concentración de carbonato de calcio que es de un aproximado de 98.5%, pudiendo clasificarla como una caliza de muy elevada pureza.

Compuesto	% en peso
Fe_2O_3	0.07
Al_2O_3	0.11
SiO_2	0.09
Na_2O	0.00
CaO	70.76
MgO	0.25

Tabla 5.4. Análisis EDS efectuado en la muestra "Caliza" malla 270.

Compuesto	% en peso
Fe_2O_3	0.31
Al_2O_3	0.79
SiO_2	2.24
Na_2O	0.00
CaO	66.16
MgO	0.29

Tabla 5.5. Análisis EDS efectuado en la muestra "Caliza" malla – 500.

5.3. Caracterización física

Las técnicas utilizadas en esta sección tienen como objetivo determinar las propiedades del material, tales como densidad, abrasividad, gravedad específica, porcentaje de absorción y tamaño de partícula, entre otras; pues de acuerdo con estas propiedades se determinan los posibles usos del mineral grueso (arriba de 10 pulgadas).

5.3.1. *Resistencia a la abrasión o desgaste de los agregados (prueba de los Ángeles)*

En los agregados gruesos, una de las propiedades físicas en las cuales su importancia y su conocimiento son indispensables en el diseño de mezclas, es la resistencia a la abrasión o desgaste de los agregados. Esta prueba es importante porque con ella conoceremos la durabilidad y la resistencia que tendrá el concreto para la fabricación de losas, estructuras simples o estructuras que requieran que la resistencia del concreto sea la adecuada para ellas.

La resistencia a la abrasión o desgaste de un agregado, es una propiedad que depende principalmente de las características de la roca madre. Este factor cobra importancia cuando las partículas van a estar sometidas a un roce continuo como es el caso de pisos y pavimentos, para lo cual los agregados que se utilizan deben ser resistentes.

Para determinar la resistencia a la abrasión, se utiliza un método indirecto cuyo procedimiento se encuentra descrito en la Norma Mexicana NMX C-196. Dicho método, mejor conocido como el de la Máquina de los Ángeles, consiste básicamente en colocar una cantidad específica de agregado dentro de un tambor cilíndrico de acero que está montado horizontalmente, el cilindro debe contar con un aspa de tal modo que, se produzca una trituración por impacto y por abrasión. Se añade una carga de bolas de acero y se le aplica un número determinado de revoluciones. El choque entre el agregado y las bolas da como resultado la abrasión y los efectos se miden por la diferencia entre la masa inicial de la muestra seca y la masa del material desgastado expresándolo como porcentaje de desgaste.

$$Porcentaje\ de\ desgaste = \frac{(P_a - P_b)}{P_a}$$

Donde:

P_a = Es la masa de la muestra seca antes del ensayo (g)
P_b = Es la masa de la muestra seca después del ensayo, lavada sobre el tamiz 1.6 mm.

Procedimiento:

Se midieron 5000 g de muestra seca y se colocaron junto con la carga abrasiva dentro del cilindro; este se hizo girar a una velocidad de 30 a 33 RPM, girando hasta completar 500 vueltas teniendo en cuenta que la velocidad angular es constante.

Muestra	Abrasión (%)
Calcita	16.10
Caliza	22.52
Caliza recristalizada	16.60

Tabla 5.6. Resultados de la prueba de los Ángeles.

Después se retiró el material del cilindro y se hizo pasar por el tamiz # 12 según lo establecido en la norma. El material retenido en el tamiz # 12 fue lavado y secado en el horno a una temperatura comprendida entre 105 y 110° C. Al día siguiente se cuantifico la muestra eliminando los finos y luego fue pesada.

Tras la ejecución de la prueba de los ángeles a cada una de las muestras analizadas y la realización de los cálculos adecuados se obtuvieron los resultados presentados en la Tabla 5.6, que de acuerdo con la literatura se encuentran dentro de los límites establecidos, debiendo estar por debajo del 50 % para poder ser utilizados en un concreto sujeto a abrasión, ya que presentan las muestras valores tales como 16.10 para la caliza gris, 22.52 calcita y 16.6 la caliza recristalizada. Por tal motivo estas muestras pueden ser utilizadas como agregados pétreos en concretos o asfaltos utilizados en ambientes abrasivos tales como caminos y carreteras.

5.3.2. Absorción de aceite y masa específica a granel

Esta es una medición que expresa el porcentaje de líquido que puede absorber el carbonato de calcio hasta su punto de saturación. Este número funciona como criterio orientativo para evaluar la superficie especifica de un material; sin embargo, este no es un valor absoluto y preciso, y no ofrece ninguna información predictiva sobre la morfología o granulometría, pero es indispensable para la formulación de pinturas ya que brinda información sobre la demanda de vehículo utilizado.

La medición de Absorción de aceite se puede hacer por el método de frotado con espátula descrito en la norma ASTM D 281-2007 y de la cual se extrajo la formula siguiente:

$$\text{Absorción de aceite: } \frac{(\text{Peso inicial aceite} - \text{Peso final aceite})}{\text{Peso de la muestra}} \times 100$$

La realización de esta prueba, se efectuó pesando 5 g de cada muestra en una balanza con una sensibilidad de ± 0.001 g y se colocaron en una placa de vidrio o lata de acero impermeable, lo suficientemente grande como para evitar pérdidas de material, (Figura 5.12). A continuación se agregó aceite de linaza gota a gota (el recipiente con el aceite gotero y perilla fueron pesados previamente) y se batió al mismo tiempo hasta que la se obtuvo una pasta dura y manejable, que no se rompiera; para finalizar, se peso el recipiente con el aceite una vez más para después efectuar los cálculos necesarios para esta prueba.

Los resultados de la prueba de aceite se muestran en la Tabla 5.7. Dichos resultados indican que la muestra "calcita" es la muestra con mayor valor de absorción de aceite, lo que indica una elevada área superficial. La muestra caliza y la caliza recristalizada presentan valores intermedios.

De acuerdo a la norma NMX-C-164-1996 se pesaron 10 kilogramos (kg) que fueron lavados para asegurarse de la eliminación de cualquier tamaño de partícula menor adherido a la superficie del material. A continuación se secó la muestra a una tem-

Figura 5.12. Instrumento usado para determinar la absorción de aceite.

Muestra	Absorción de aceite (%)
Caliza Recristalizada	17
Calcita	18
Caliza	16
Colector de Polvos	21

Tabla 5.7. Valores de absorción de aceite en las muestras analizadas.

peratura de 110°C ± 5 ° C durante 3 horas y media, dejándose enfriar hasta que la muestra alcanzara una temperatura que permitiera su manipulación sin riesgo de sufrir quemaduras.

Posteriormente la muestra fue sumergida en agua destilada durante un periodo de 24h ± 4 h. Una vez finalizado el periodo de inmersión la muestra fue extraída y secada superficialmente, asegurándose de eliminar el brillo acuoso, prosiguiendo con el pesado de la misma. Los datos obtenidos se sustituyeron en la ecuación siguiente.

$$Masa\ específica = \frac{A}{(C-B)}$$

Dónde:

A = peso de la muestra seca
B = peso de la muestra después de la inmersión
C = peso de la muestra empapada con agua

Para determinar la absorción de humedad se hizo uso de los valores obtenidos para la prueba de gravedad específica sustituyéndolos en la formula siguiente:

$$Porcentaje\ de\ absorción = \left[\left(\frac{B-A}{A}\right) \times 100\right]$$

Muestra	Absorción (%)	Masa específica a granel (kg/m³)
Caliza recristalizada	1.55	2.60
Calcita	4.00	2.60
Caliza	1.55	2.60

Tabla 5.8. Resultados de porcentaje de absorción y masa específica a granel.

Dónde:

A = peso de la muestra seca
B = peso de la muestra húmeda

De acuerdo a las normas, se calcularon los valores de absorción y masa específica a granel de las tres muestras analizadas con estas pruebas. Dichos resultados se presentan en la Tabla 5.8. Estos resultados son de suma importancia en el control del agua en el concreto, en la proporción de mezclas y control del concreto por lo que deben ser reportados.

5.3.3. Determinación del cono de arena. Equivalente de arena

Cono de arena

La calidad de un proceso de compactación en campo se mide a partir de un parámetro conocido como grado de compactación. Su evaluación involucra la determinación previa del peso específico y de la humedad óptima correspondiente a la capa de material ya compactado. Este método es invasivo y a la vez destructivo para la superficie en compactación, ya que se basa en determinar el peso específico seco a partir del material extraído de una cala, la cual se realiza sobre la capa de material ya compactada.

Procedimiento

Se utilizó un cilindro, de diámetro y altura conocidos con base (Figura 5.13); se calculó el volumen del cilindro; a continuación se pesó el cilindro incluyendo su base.

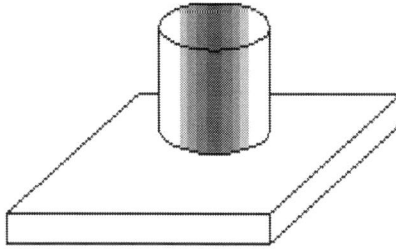

Figura 5.13. Cilindro y base.

También se utilizó un equipo compuesto de un frasco y un cono metálico (Figura 5.14), se cerró la válvula del cono y se colocó éste sobre las mariposas del cilindro evitando que se moviera. Posteriormente se abrió la válvula y se llenó el molde con la muestra hasta el tope, asegurándose de eliminar el exceso, con la ayuda de un cordel para evitar ejercer presión; se volvió a cerrar la válvula y se limpió la base con la brocha para después pesar.

Por diferencia de pesos se obtuvo el peso de la arena que dividida entre el volumen del cilindro nos proporcionaría el peso volumétrico. Esta función se repitió 4 veces para compensar las variaciones en el peso del agregado.

Para obtener el peso de la arena que llena el cono y la base, se procedió a hacer lo siguiente; se pesó el equipo con arena, se colocó la base en una superficie plana

Figura 5.14. Frasco con cono.

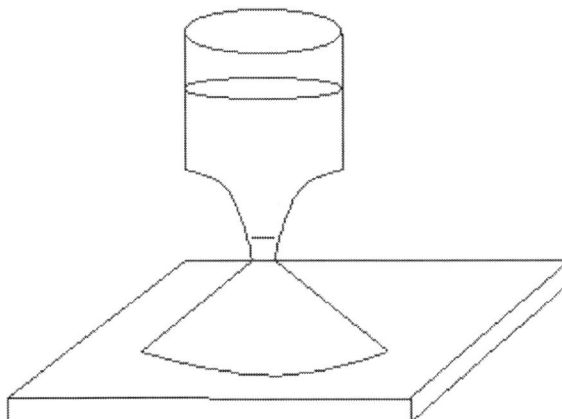

Figura 5.15. Cono sobre la placa, para obtener el peso
de la arena retenida entre el cono y la placa.

(en este caso la charola, ver Figura 5.15), se cerró la válvula y se colocó el cono sobre la placa permitiendo la fluidez de la arena dentro del cono, cuando dejó de moverse la arena dentro del frasco, se cerró la válvula y se pesó el equipo con la arena sobrante.

El siguiente paso es la obtención del peso volumétrico de campo, para ello se pesa el equipo con arena y la cápsula. El material extraído deberá colocarse en una bolsa de plástico para evitar que pierda agua. Después se coloca el cono sobre la base, se cierra la válvula y cuando esté listo, se abre la válvula para que fluya la arena dentro de la cala y el cono, y una vez que se llenen ambos elementos, se cierra la válvula y se pesa el equipo con la arena restante. Se pesa el material extraído de la cala y de ahí mismo se obtiene una muestra representativa que será pesada para obtener el contenido de humedad. Con estos datos se obtiene el peso específico seco máximo de campo y dividiéndolo entre el peso volumétrico seco máximo de laboratorio nos indica el grado de compactación de campo. De esta prueba se calcularon la masa volumétrica suelta y el porcentaje de compactación de las muestras. Estos resultados se presentan en la Tabla 5.9.

En base a los resultados obtenidos y la masa volumétrica requerida para agregados pétreos, presentados anteriormente, encontramos que nuestro material no cumple con esta condición; pues de acuerdo a la norma N-CTM-2-02-002/02 el máximo valor de masa volumétrica suelta para agregados gruesos y finos es de 1040 gr.

Muestra	Masa volumétrica suelta (gr)	Compactación (%)
Calcita	1220	31.55
Caliza	1220	31.47
Caliza recristalizada	1220	31.55

Tabla 5.9. Masa volumétrica suelta y porcentaje de compactación de las muestras analizadas.

5.3.4. Sanidad por sulfato de sodio

Por medio de esta prueba se estima la resistencia de los agregados para concreto u otras aplicaciones, al estar sujetos a la intemperie cuando no existe información previa disponible. La prueba consiste en la inmersión repetitiva en una solución saturada de sulfato de sodio o magnesio seguido por un secado parcial o completo en horno, deshidratando la sal que precipita en los poros del material. Las fuerzas internas de expansión, derivadas de la rehidratación de la sal tras la re-inmersión, simula la expansión del agua cuando esta es congelada.

Para la prueba fue necesario preparar una solución de sulfato de sodio deca-hidratado disolviendo 700g de la sal (grado reactivo), en un litro de agua a una temperatura de 25 a 30°C asegurando la presencia de cristales en el líquido. La preparación del agregado para esta muestra consiste en un lavado y secado de la muestra a 110 °C ± 5 pesando cada hora hasta obtener un peso constante.

A continuación la muestra fue sumergida en la solución de sulfato de sodio durante un periodo no menor a 16 y no mayor a 18 horas, procurando que las muestras estén siempre cubiertas por la solución y cubriendo el contenedor para que la solución no se contaminase con sustancias extrañas; además de evitar la evaporación de la misma. Para estas muestras fue necesario repetir el experimento, ya que la solución fresca de sulfato de sodio ataca gravemente a las muestras por lo que debe de utilizarse una solución que ya haya sido utilizada con otras muestras.

Después de la inmersión, los agregados son retirados para que el exceso de sulfato de sodio drene durante quince minutos y después ser colocados en el horno a

Muestra	Pérdida por sulfato de sodio (%)
Calcita	9.0
Caliza	4.0
Caliza recristalizada	4.0

Tabla 5.10. Porcentajes de pérdida por sulfato de sodio.

una temperatura de 110 ± 5°C, para retirarlas cuando tengan un peso constante, repitiendo las inmersiones y el secado diez veces.

Una vez finalizado el último ciclo de inmersión y secado la muestra se lavó con una solución de cloruro de bario al 5 %, para limpiarlas de sulfato de sodio residual y después introducirlas en agua a una temperatura de 43 ±6 °C; evitando golpes que rompan o desgasten los agregados. Para finalizar, las muestras fueron pesadas anotando el valor obtenido; en base a este peso y el peso inicial de los agregados, se calcula el porcentaje de pérdida de material, el cual no debe sobrepasar el 10 %.

Los resultados obtenidos de la prueba para medir la sanidad por sulfato de sodio se presentan en la Tabla 5.10, en la cual se puede apreciar que la muestra de calcita es la que presenta mayor pérdida en este análisis; esto podría deberse a que la solución de sulfato de sodio, aun cuando se usó una solución previamente utilizada para evitar el ataque excesivo en la muestra; ataca a la misma debido a que es un carbonato de calcio con 99 % de pureza. Sin embargo, aún así la muestra se encuentra dentro de los límites permitidos para su utilización como agregado.

En cuanto a las muestras de caliza y caliza recristalizada, ambas presentan bajos valores, por lo que son recomendables para su utilización como agregados pétreos ya que la norma NMX-C-075 ONNCCE indica que los valores requeridos para esta prueba deben ser iguales o menores al 10 % de pérdida.

5.3.5. *Prueba de calcinación*

Para llevar a cabo esta prueba, se introdujeron 25 g de cada muestra, con tamaño de partícula menor a malla 200 (equivalente a 74µm), a un horno marca LECO a

Muestra	Pérdida por calcinación (%)	Color del quemado
Calcita	34	Blanco
Caliza	36	Blanco
Caliza Recristalizada	42	Blanco

Tabla 5.11. Resultados de la prueba de calcinación.

una temperatura de 900 °C y con una velocidad de calentamiento de 15 °C/min; una vez alcanzada la temperatura deseada se mantuvo por un lapso de una hora, seguido de un enfriamiento lento dentro del horno.

Dicha prueba tiene el objetivo de verificar el color de quemado de la muestra y las pérdidas por calcinación. Todos los datos obtenidos serán presentados a continuación.

Como resultado de la prueba de calcinación se obtuvieron los datos que se muestran en la Tabla 5.11, como principal característica del carbonato de calcio es que no existe cambio alguno en la coloración, aplicable solo a las muestras ensayadas. Un aspecto importante en cuanto a la apariencia de las muestras es la aparición de pequeños gránulos frágiles al tacto; lo que podría deberse a la migración del CO_2 de la estructura. En cuanto a las pérdidas por calcinación, todas las muestras presentaron pérdidas por arriba del 30 %, de las cuales destacaron las muestras de caliza recristaliza y calcita que tuvieron pérdidas de 55 y 42 %, respectivamente. Esta pérdida puede ser atribuida a una gran absorción de humedad de las muestras durante su almacenamiento.

5.4. Caracterización química

La caracterización química se centró en la cuantificación de los elementos contenidos en el material utilizando la técnica instrumental de Espectrometría por Plasma de Inducción Acoplado, ICP por sus siglas en inglés.

Se prepararon tres estándares y un blanco; los estándares contenían los siguientes elementos Al, Mg, Ca, Si, Fe, y Na en las concentraciones de 10, 5 y 20 ppm.

A continuación se realizó la curva de calibración, procediéndose con la programación del equipo y la medición de los estándares preparados.

Una vez calibrado el equipo, se procedió a la lectura de las muestras previamente disueltas en una mezcla de ácidos compuesta por HF (3M) y HNO_3 (1M), utilizando material de polietileno debido a la alta sensibilidad del material de vidrio al ataque del ácido fluorhídrico, y filtradas para evitar que las partículas que no se hayan disuelto obstruyan los capilares por los cuales pasa la muestra.

Las especies minerales analizadas por este método fueron SiO_2, $CaCO_3$ y Al_2O_3, principalmente, así como también Na_2O, MgO, y Fe_2O_3, para poder realizar la caracterización química.

En la Tabla 5.12 se presentan la concentración de los compuestos presentes en las muestras analizadas. Estos componentes presentan relevancia ya que su presencia mínima o en exceso, determinan los posibles usos en el sector industrial. Estas muestras presentan relativa alta concentración de Fe_2O_3 que va de un 0.303 % hasta 0.702 %. La muestra del colector de polvos presenta la más elevada concentración de trióxido de Fierro (0.702 %), que puede ser atribuida a contaminación adquirida durante su paso en el colector de polvos, posiblemente debida al desgaste del mismo, ocasionado por la mayor dureza del carbonato de calcio frente al acero.

En la tabla también se presenta la concentración de $CaCO_3$, que en todos los ejemplares analizados se encuentra por arriba del 95 %, y de acuerdo con la bibliografía, es una característica distintiva de los bancos de caliza.

En cuanto al óxido de magnesio y óxido de sodio, se encuentran en condiciones relativamente bajas por lo tanto se amplía el rango en el cual podría ser aplicado.

Muestra	SiO_2 (%)	Al_2O_3 (%)	Fe_2O_3 (%)	MgO (%)	Na_2O (%)	$CaCO_3$ (%)
Caliza recristalizada	2.00	0.85	0.307	0.420	0.181	96.0
Caliza	3.00	1.0	0.388	0.296	0.199	95.0
Calcita	0.00	0.00	0.702	0.245	0.030	99.0

Tabla 5.12. Composición química de las muestras analizadas por ICP.

Figura 5.16. Juego de tamices utilizados para efectuar el análisis granulométrico.

5.5. Caracterización granulométrica (para carbonato de calcio micronizado)

Este análisis se llevó a cabo en dos etapas; la primera consistió en la medición de un tamaño de partícula por vía húmeda con la utilización de un juego de tamices U. S. Estándar Testing Sieve No. 200, 270, 325, 400 y 500 (Figura 5.16); tamizándose una muestra de 25 g. Las fracciones obtenidas en cada tamiz se secaron en un horno mufla (LINDBERG SB) a 110 °C durante 1h y después dichas fracciones retenidas en cada una de las mallas fueron pesadas. Los valores encontrados son presentados en la siguiente sección.

La segunda etapa se efectuó exclusivamente para las fracciones de las muestras que pasaron por la malla #500. La prueba fue realizada en un analizador de tamaño de partícula láser Beckman Coulter LS 13320.

En la Tabla 5.13, se muestran los datos obtenidos del análisis granulométrico aplicado a la muestra correspondiente a la calcita; a partir de los cuales, apreciamos claramente que las partículas menores a 32 μm con un 70 % del peso total, son las predominantes.

A este 70 % de la muestra le fue aplicado un análisis de tamaño de partícula vía láser, arrojando como resultado que el tamaño promedio es de 14.76 μm; entre los rangos de 30.44 μm y 3.69 μm y una moda de 21.69 μm, (Tabla 5.14). En casos

No. de malla	Tamaño de partícula (μm)	Peso (gr)	Peso (%)
−170 +200	75 – 90	0.00	0.0000
−200 +230	63 – 75	0.17	0.7766
−230 +270	53 – 63	0.30	1.3705
−270 +325	45 – 53	0.45	2.0557
−325 +400	38 – 45	1.22	5.5733
−400 +500	32 – 38	4.32	19.7350
−500	– 32	15.43	70.4888

Tabla 5.13. Porcentaje en peso de acumulados
en las mallas. Muestra "Calcita".

Medidas de tendencia central	Tamaño de partícula (μm)
Media	14.76
Máximo	30.44
Mínimo	3.69
Moda	21.69

Tabla 5.14. Resultados del análisis de tamaño de partícula
vía láser de la muestra "Calcita".

como este, es importante señalar que el uso de la moda es primordial ya que nos indica el tamaño de partícula preponderante; por lo tanto, la muestra analizada está compuesta en su mayoría por tamaños de partícula del tamaño antes descrito. Para apreciar con mayor facilidad estos valores se presenta el gráfico de la Figura 5.17, donde el pico predominante indica la moda. Tras este análisis, se puede determinar que la muestra puede ser utilizada en la industria del plástico, principalmente para la producción de PVC como relleno, siempre y cuando se le efectué una clasificación de tamaños previa.

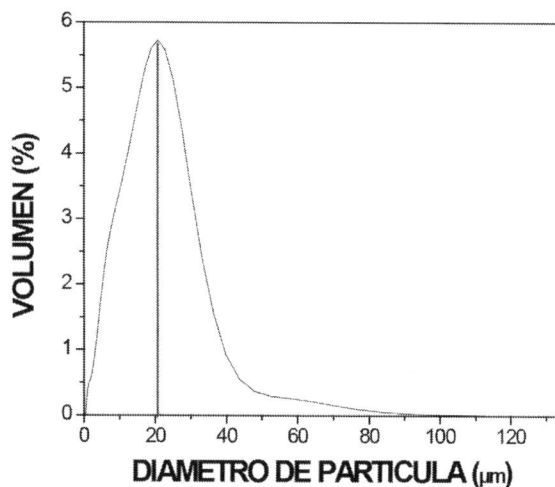

*Figura 5.17. Distribución de tamaños de la muestra "Calcita",
la moda la indica la línea roja.*

Los datos obtenidos tras el análisis granulométrico aplicado a la muestra deno-
minada "Caliza Recristalizada" se muestran en la Tabla 5.15. De esta tabla resal-
taremos el hecho que los tamaños de partícula menores a 32 µm representan el
73.54% de la muestra total, mientras que el resto de los tamaños de partícula
superiores conforman el 26.45%.

No. de malla	Tamaño de partícula (µm)	Peso (gr)	Peso (%)
−170 +200	75 − 90	0.12	0.5482
−200 +230	63 − 75	0.05	0.2284
−230 +270	53 − 63	0.44	2.0101
−270 +325	45 − 53	0.78	3.5633
−325 +400	38 − 45	1.20	5.4819
−400 +500	32 − 38	3.20	14.6185
−500	32	16.10	73.5496

*Tabla 5.15. Porcentaje de pesos acumulados en las mallas
de la muestra "Caliza recristalizada".*

71

Este 73.54 % de la muestra tiene un tamaño de partícula medio de 8.30 µm, entre los rangos de 20.31µm y 1.44 µm, y una moda de 5.35 µm (Tabla 5.16), lo que nos indica que este tamaño de partícula, es el que compone en su mayoría a la muestra, la moda es señalada con una línea roja en el pico más alto de la Figura 5.18, y por ningún motivo debe ser confundida con el borde siguiente ya que por definición la moda es una medida de tendencia central, lo cual indica la observación que más veces se repite. En base a estos resultados la

Medidas de tendencia central	Tamaño de partícula (µm)
Media	8.30
Máximo	20.31
Mínimo	1.44
Moda	5.35

Tabla 5.16. Resultados del análisis de tamaño de partícula vía láser de la "Caliza recristalizada".

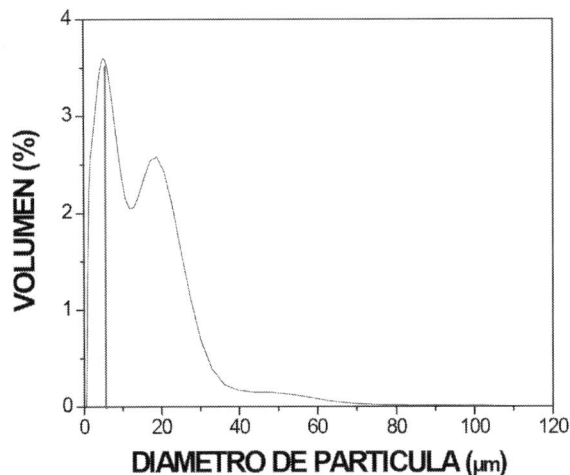

Figura 5.18. Distribución de tamaños de la "Caliza Recristalizada", la moda se señala con la línea roja.

No. de malla	Tamaño de partícula (µm)	Peso (gr)	Peso (%)
−170 +200	75 − 90	0.28	1.1076
−200 +230	63 − 75	0.00	0.0000
−230 +270	53 − 63	1.00	3.9557
−270 +325	45 − 53	1.20	4.7468
−325 +400	38 − 45	2.00	7.9114
−400 +500	32 − 38	2.30	9.0981
−500	− 32	18.50	73.1804

Tabla 5.17. Porcentaje de pesos acumulados en las mallas de la muestra "Caliza".

muestra analizada puede ser utilizada como material industrial alterno en los ramos de plásticos como relleno, papel (cartón), pinturas; siempre y cuando esta pase por un proceso de clasificación previo y adecuado para cada sector industrial.

Tras el análisis granulométrico de la muestra llamada "caliza" se obtuvieron los datos contenidos en la Tabla 5.17, y en base a ellos obtenemos una descripción general de la muestra observando que las partículas de tamaños menores a 32 µm representan el 73.18 % de la muestra. Otra característica que destaca es la ausencia de partículas con tamaño de 75 µm; esto podría deberse a que los molinos Raymond utilizados en procesamiento, se encargan de pulverizar la roca a tamaños de partícula más pequeñas y dada una distribución aleatoria en las escombreras de donde se tomo la muestra, esto produjo la ausencia del tamaño señalado durante el análisis.

El análisis de esta muestra al igual que las anteriores fue complementado por el analizador de tamaño de partícula láser, aplicándolo solo a los tamaños de partícula menores a 32 µm; obteniéndose como resultado un tamaño promedio de 13.17 µm entre los rangos de 26.5 µm y 2.08 µm con una moda de 19.76µm (Tabla 5.18). El valor de la moda se aprecia en el gráfico de la Figura 5.19 donde es señalada con una línea roja.

Medidas de tendencia central	Tamaño de partícula (μm)
Media	13.17
Máximo	26.50
Mínimo	2.08
Moda	19.76

Tabla 5.18. Resultados del análisis de tamaño de partícula vía láser de la "Caliza".

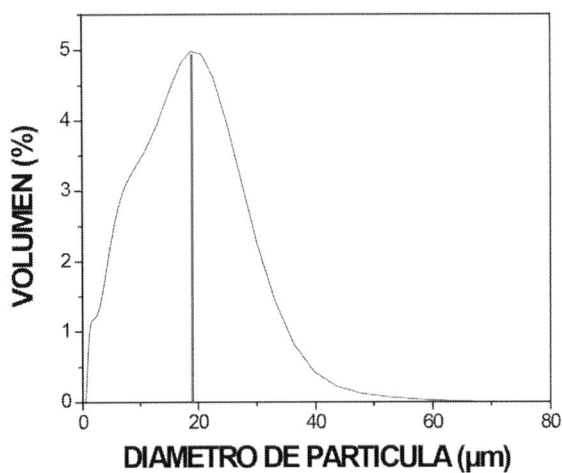

*Figura 5.19. Distribución de tamaños de la "Caliza",
la moda se señala con la línea roja.*

Bibliografía

Calvo Jordi C. (2009). PINTURAS Y RECUBRIMIENTOS INTRODUCCIÓN A SU TECNO-LOGÍA. Ed. Diaz Santos. Pp. 21.

Cubero Nuria, Monferrer Albert, Villalta Jordi (2000). ADITIVOS ALIMENTARIOS. Mundi – Prensa Libros. pp. 45-46.

De Cserna Zoltan (1990). La Evolución Geológica en México (1500-1929). Revista Mexicana de Ciencias Geológicas, Vol. 9, No. 1. Pp. 1-20

De la Torre Jorge (1990). Manual de Procesamiento de Minerales de la Compañía Real del Monte. Pachuca de Soto, Hidalgo (México).

Fatma Coskuna, Canan Senoglu (2011). THE EFFECT OF USING DIFFERENT LEVELS OF CALCIUM CARBONATE ON THE PHYSICAL, CHEMICAL AND SENSORY PROPER-TIES OF YOGHURT. Namɔk Kemal Univ, Faculty of Agriculture, Department of Food Engineering, Tekirdaɤ Enerjik Catering, Kavack, Beykoz, Esatanbul. Vol. 3. 3ra. Ed. GIDA /The Journal of FOOD. pp. 1-2.

Fernández N. José M. (2003). EL VIDRIO. Ed. Artegraf, S.A. Pp. 142.

FUNCTIONAL FILLERS FOR PLASTICS, (2012).

Hans Zweifel, Maier Ralph D., and Schiller Michael (2009). PLASTICS ADDITIVES HANDBOOK. 6ta ed. USA: Hanser. pp. 920.

Katz Henry S., Milewski John (1987). HANDBOOK OF FILLER FOR PLASTICS. Ed. Van Nostrand Reinhold. Pp. 23,116

Kellar Jon J. (2007). FUNCTIONAL FILLERS AND NANOESCALE MINERALS: NEW MARKETS/NEW HORIZONS. Editorial SME

Martins Silva L., Öchsner Andreas and Adams Robert. (2011). HANDBOOK OF AD-HESION TECHNOLOGY. Ed. Springer Heilderberg. Pp. 301-302.

Milovski, A. K., (1988). MINERALOGÍA. Moscú, Rusia: Mir.

PLASTICS ADITIVES HANDBOOK (2012).

Schweigger Enrique (2005). MANUAL DE PINTURAS Y RECUBRIMIENTOS PLÁSTI-COS. Ediciones Díaz de Santos. Pp. 27-34.

Tegethoff Wolfgang F., Rohleder Johannes, Kroker Evelyn (2001). CALCIUM CARBO-NATE: FROM THE CRETACEUS PERIOD INTO DE 21st CENTURY. Ed. BirkhäuserVerlag, member of the BertelsmannSpringer Publisher Group. Pp. 8-35.

Wroe Gill. (2011). CALCIUM CARBONATE.Ed. Academic online. Pp. 8

Xiaoyu Chen, Xueren Qian, and Xianhui An (2011). USING CALCIUM CARBONATE WHISKERS AS PAPERMAKING FILLER. Vol. 3. 3ra ed. EBSCO Industries, Inc. pp. 1-2.

Valderrama José O. (2001). INFORMACIÓN TECNOLÓGICA. Vol. 12

Anexos para consulta

Norma Mexicana NMX C-111; ESPECIFICACIONES GENERALES DE AGREGADOS PÉTREOS PARA ELABORAR CONCRETOS HIDRÁULICOS.

Norma ASTm D 281-89, SATANDARD TEST FOR OIL ABSORBTION OF PIGMENTS BY SPATULA RUB-OUT.

Norma ASTM C88-05 SATANDAR TEST METHOD FOR SOUNDNESS OF AGGREGATES BY USE OF SODIUM SULFATE OR MAGNESIUM SULFATE.

Norma NMX-C-073 ONNCCE INDUSTRIA DE LA CONSTRUCCIÓN –AGREGADOS– MASA VOLUMÉTRICA Y METODO DE PRUEBA.

Norma NMX-C-075 ONNCCE INDUSTRIA DE LA CONSTRUCCIÓN –AGREGADOS– DETERMINACIÓN DE LA SANIDAD POR MEDIO DE SULFATO DE SODIO O SULFATO DE MAGNESIO.

Norma NMX-C-164 ONNCCE INDUSTRIA DE LA CONSTRUCCIÓN –AGREGADOS– DETERMINACIÓN DE LA MASA ESPECÍFICA Y ABSORCIÓN DE AGUA DEL AGREGADO GRUESO.

Norma NMX-C-196 ONNCCE INDUSTRIA DE LA CONSTRUCCIÓN –AGREGADOS– RESISTENCIA A LA DEGRADACIÓN POR ABRASIÓN DE IMPACTO DE AGREGADO GRUESO UNA MAQUINA DE LOS ANGELES –METODO DE PRUEBA.

Sobre los autores

PhD. JUAN HERNÁNDEZ ÁVILA

Ingeniero Minero Metalúrgico (México), Maestro en Ciencias en Metalurgia (México) y Doctor en Ciencias de los Materiales (México). Responsable del laboratorio de Microscopía Electrónica de Barrido en la UAEH e investigador en el área de Metalurgia Extractiva y Minerales no Metálicos. Ha publicado 18 artículos de investigación en revistas indexadas y arbitradas internacionalmente, colaborado en la publicación de 35 artículos en extenso, 2 libros y cerca de 40 resúmenes en congresos nacionales e internacionales. Ha participado como director y colaborador en 14 proyectos de investigación y actualmente dirige 3 tesis de doctorado y una de maestría.

PhD. ELEAZAR SALINAS RODRÍGUEZ

Ingeniero Minero Metalúrgico (México), Maestro en Ciencias en Metalurgia no Ferrosa (México) y Doctor en Ciencias Química (España). Miembro del Sistema Nacional de Investigadores desde 1999 y actualmente Investigador Nacional Nivel 2. Ha publicado 28 artículos científicos indexados y arbitrados internacionalmente, 6 capítulos en libros, 21 artículos en extenso, 2 libros publicados y la participación en cerca de 60 trabajos presentados en congresos nacionales e internacionales. Ha dirigido 3 trabajos de tesis de doctorado y 12 de nivel licenciatura. Actualmente realizando una estancia de investigación en Ecuador, Universidad Técnica de Esmeraldas "Luis Vargas Torres". Director y colaborador en 13 proyectos de investigación.

PhD. ALBERTO BLANCO PIÑÓN

Biólogo (México), Maestro en Ciencias Geológicas (México) y Doctor en Geociencias (México – Alemania). Miembro del Sistema Nacional de Investigadores desde el año 2005, actualmente Investigador Nacional Nivel 1. Ha publicado 24 artículos indexados y arbitrados, 2 capítulos en libros, 13 artículos en extenso y 38 resúmenes en congresos nacionales e internacionales. Ha dirigido 10 trabajos de tesis de licenciatura y tiene 8 en proceso; 1 tesis a nivel de maestría y 1 de doctorado. De igual modo, ha sido director y colaborador en 9 proyectos de investigación y ha participado en diferentes comités de evaluación académica a nivel nacional.

PhD. EDUARDO CERECEDO SÁENZ

Ingeniero Minero Metalúrgico (México), Maestro en Ciencias en Geología (México) y Doctor en Ciencias de los Materiales (México). Profesor con perfil deseable PROMEP de la Universidad Autónoma del Estado de Hidalgo en el cuerpo académico de Ciencias de la Tierra. Ha publicado 7 artículos indexados y arbitrados, 3 capítulos en libros, 1 libro y 10 resúmenes en congresos nacionales e internacionales. Ha participado como colaborador en 3 proyectos de investigación y actualmente director de 2 relacionados con la prospección geológico–minera. Está dirigiendo 5 trabajos de tesis de licenciatura y uno de maestría, todos ellos relacionados con la Geología Económica.

PhD. VENTURA RODRÍGUEZ LUGO

Ha participado en proyectos de investigación en el Instituto Nacional de Investigaciones Nucleares y la Benemérita Universidad Autónoma de Puebla, relacionados con la síntesis y caracterización de materiales por diferentes técnicas. 45 artículos publicados en revistas Internacionales con arbitraje, 7 artículos en revistas Nacionales, 26 trabajos en extenso, 12 capítulos en libros, 7 Libros Editados, 380 trabajos presentados en diferentes foros nacionales e internacionales, 18 Informes técnicos Científicos y más de 45 informes técnicos a la Industria. Actualmente miembro del Sistema Nacional de Investigadores Nivel 2, y Director del del Centro de Calidad de la Universidad Autónoma del Estado de Hidalgo.

Made in the USA
Las Vegas, NV
11 April 2022